烹饪教程真人秀

下厨必备的
泡菜制作分步图解

甘智荣 主编

吉林科学技术出版社

图书在版编目（ＣＩＰ）数据

下厨必备的泡菜制作分步图解 / 甘智荣主编．－－ 长春：吉林科学技术出版社，2015.7
（烹饪教程真人秀）
ISBN 978-7-5384-9534-8

Ⅰ．①下… Ⅱ．①甘… Ⅲ．①泡菜－蔬菜加工 Ⅳ．① TS255.54

中国版本图书馆 CIP 数据核字（2015）第 165837 号

下厨必备的泡菜制作分步图解

Xiachu Bibei De Paocai Zhizuo Fenbu Tujie

主　　编　甘智荣
出 版 人　李　梁
责任编辑　李红梅
策划编辑　吴文琴
封面设计　郑欣媚
版式设计　谢丹丹
开　　本　723mm×1020mm　1/16
字　　数　220千字
印　　张　16
印　　数　10000册
版　　次　2015年9月第1版
印　　次　2015年9月第1次印刷

出　　版　吉林科学技术出版社
发　　行　吉林科学技术出版社
地　　址　长春市人民大街4646号
邮　　编　130021
发行部电话/传真　0431-85635177　85651759　85651628
　　　　　　　　　 85677817　85600611　85670016
储运部电话　0431-84612872
编辑部电话　0431-86037576
网　　址　www.jlstp.net
印　　刷　深圳市雅佳图印刷有限公司

书　　号　ISBN 978-7-5384-9534-8
定　　价　29.80元

目录
contents

PART 1　泡菜知多少

PART 2　家常泡菜

◎酸味泡菜

◎ 辣味泡菜

◎ 甜味泡菜

◎其他泡菜

PART 3　特色泡菜

PART 4　泡菜做出美味菜

PART 1
泡菜知多少

蔬菜很容易腐败变质，于是我们深具饮食智慧的祖先就创造了一种方法，即通过腌渍来保存蔬菜。腌渍的工艺在《诗经》中早有记载："中田有庐，疆场有瓜，是剥是菹，献之皇祖"。时至今日，泡菜已经发展成一个庞大的食品家族，将不同腌料腌成的各种菜品都囊括了进去。兵法云："知己知彼，百战不殆"，在学习制作泡菜之前，一定要对泡菜有所了解。本章将带大家去了解泡菜，让大家更轻松愉快地学习制作泡菜！

关于泡菜

泡菜是中国的传统美食，了解泡菜，要从最基本的开始。下面，我们就一起来了解一下泡菜的概念和泡菜的历史文化吧！

◎什么是泡菜

泡菜是用盐腌渍后经乳酸菌发酵而形成的一种风味特殊的腌制加工品，其原料大多为各类蔬菜，也有少量荤肉可用于腌渍泡菜。一般来说，只要是纤维丰富的蔬菜和水果，都可以被制成泡菜。泡菜含有较多的维生素、钙和磷等营养成分，既能为人体提供充足的营养，又能预防动脉硬化等疾病。

泡菜一般带有酸味，但其在腌渍时也可以放入其他作料，如辣椒粉、蒜、姜、葱、干辣椒等，使泡菜独具风味之余还各有特色。

◎泡菜的历史文化

我国的泡菜历史悠久，据史书记载，我国泡菜最早可追溯到3000多年前的商周时期。我国的泡菜虽然没有韩国泡菜那般火热，但其更具人情味，在历史与文化方面韩国泡菜更难望其项背。《商书·说明》中有记载"欲作和羹，尔惟盐梅"，说明至少在3100多年前，我国就出现了用盐腌渍梅以食用的现象。而有国外研究者说，秦始皇修筑长城的时候，修筑长城的人生活非常艰苦，冬季几乎没有菜可以食用，就在冬季到来前用盐将蔬菜腌渍以防变质，用以过冬。在唐朝，人们腌菜更加讲究，早已超越了保存食物的诉求，将泡菜当作精致美食，连大诗

人杜甫都在诗中描写"长安冬菹酸且绿"，用长安泡菜作为宴席中珍馐美味的代表。泡菜文化发展至清朝，川南、川北地区还将泡菜作为嫁奁之物，凡是女儿出嫁，均要赠予上好泡菜一坛或数坛。

现在，尚有部分地区保留着用泡菜作为嫁奁之物的风俗习惯。泡菜在出现之初，是人们用于过冬的食物，而现今，人们一年四季食材取得无虞，却依然喜欢制作泡菜。在中国，泡菜遍布全国，几乎家家户户都会做，尤其是四川、东北等地区，泡菜更是家家户户餐桌上必有之物。

巧选泡菜原料

制作泡菜时对原料的选择、洗涤、预处理等也都有着相关要求，只有选择好的原料、适当的处理方式，才能让泡菜有着脆嫩的口感，吃得更放心、健康。

◎选择应季的蔬菜

蔬菜，是腌渍泡菜的主要原料，但是，蔬菜生长顺应天时，古人有云："不时不食"，我们在选择腌渍泡菜的原料时，也需要选择应季的蔬菜，应季蔬菜正处于其生长旺盛时节，质地鲜嫩，而且营养也正值最丰富时期，相较于反季蔬菜更为适合制作泡菜。

◎选择质优的蔬菜

选择泡菜原料时，除了要选择应季蔬菜外，还要注意蔬菜的质量。泡菜是经过腌泡发酵而成，所以，对原料的质量更需要重视，质量不好的蔬菜会影响一整坛泡菜的质量，且质量不好的蔬菜腌制出来的泡菜容易腐烂，甚至容易在腌制过程中腐烂，成品的风味也不好。所以，选择蔬菜原料时，应该选不干缩、不皱皮、无腐烂、无虫伤、无损伤的蔬菜。蔬菜若有粗皮、老茎、损伤、疤痕等，需要用刀将其削去。

◎选择肉厚质脆的蔬菜

泡菜需经过盐渍，肉质轻薄的蔬菜经不起高盐度的浸渍，容易碎烂；而质地较软的蔬菜再经腌泡的话，也容易失去风味。所以，最好选择肉厚质脆的蔬菜，腌渍出来的泡菜才能鲜嫩脆爽，风味绝佳。

◎选择新鲜无异味的蔬菜

不同于香菜、茴香等本身就有气味的蔬菜，农药残留多，或使用了劣质农药的蔬菜本身会有很刺鼻的异味，买之前可以先拿起来闻一闻蔬菜上是否有难闻的异味。农药残留多，或使用了劣质农药的蔬菜不适宜用来制作泡菜，这样的蔬菜会影响一整坛泡菜的质量，甚至容易在腌渍过程中腐烂。

泡菜的特点与营养功效

　　泡菜风味独特，在世界众多美食中同样是独具一格，有着与众不同的特点。同时，泡菜也是营养丰富的食物。下面我们一起来了解一下泡菜的特点与营养。

◎ 泡菜的特点

　　泡菜深受大众喜爱，它是独一无二的美味，有以下几个特点：

历史悠久

　　韩国人以泡菜为荣，其泡菜具有上千年的发展历史。但是我国的泡菜历史更为悠久，我国的泡菜起源可追溯到3000多年前，早在公元前3世纪我们祖先就懂得腌渍泡菜。我国泡菜发展至今，依然是众多家庭非常喜爱的食品，并且种类越来越多，味道越来越好，甚至大量生产，远销海外，闻名世界。

大众亲民

　　在中国，泡菜是一种大众食品，无论是富甲一方还是贫困潦倒，都可以吃到美味泡菜。很多家庭里都会自己腌渍泡菜，尤其是四川、东北等地，泡菜几乎是家家户户必备之食品，甚至每餐必备。泡菜宜富宜贫，男女老少都喜爱，是一种极为大众亲民的食品。

成本低廉

　　泡菜的制作成本非常低廉，最主要的原料是日常生活中常见的各类蔬菜，制作设备也只需要一个泡菜坛和盐水。总的来说，制作泡菜只需以下物品：泡菜坛、蔬菜、盐、水、作料（如花椒、醋、白酒、葱、蒜等）。作料也可以因个人口味不同而随意选择。如此低廉的成本，也是其亲民的原因之一。

操作简便

　　泡菜不仅制作过程极为简单，而且泡菜制成后保存、取食也非常方便。泡菜的制作可用一句话概括：将洗净的材料放入装有盐水的泡菜坛中，密封腌泡数天即可。当然，在制作过程中也有需要注意的地方，但总的来说还是极其简单的操作。泡菜制成后，只需在泡菜坛里密封保存即可，即食即取，非常简便，不但可以直接食用，还能制作成不同的美食。

风味独特

风味独特是泡菜最突出、最吸引人的特点。根据所用原料、泡制时间、作料等的不同，泡菜有着丰富的口味，如酸、甜、咸、辣等。但是，无论是什么口味的泡菜，都有着独特的风味。一般来说，泡菜都带着独特的酸味或略带酸味，伴随着独特的芳香，口感清爽鲜脆，好的泡菜还带着光泽，真正的色、香、味俱全。

◎泡菜的营养功效

不少人认为，泡菜属于腌渍加工品，会有害身体健康，不宜过多食用。实际上，这是大多数人们的认识误区，泡菜其实有着丰富的营养，适当食用不仅不会危害健康，还能预防疾病、有益身体健康。

营养丰富

泡菜所使用的原料多为新鲜蔬菜，含有多种维生素、钙、铜、磷、铁等。蔬菜只经过简单的处理便入坛泡制，在泡制过程中，这些营养成分大部分都没有被分解，蔬菜中的营养得以大量保存下来，尤其是维生素A、维生素C和维生素P等成分，泡菜中还含有大量膳食纤维，所以在某种程度上讲，泡菜所含的营养甚至要比平常的炒菜、炖菜还要丰富，因为日常的炒菜、炖菜在经过高温烹饪后营养成分会大量流失。

开胃消食

泡菜富含乳酸菌和乳酸，可以增进食欲，刺激消化液的分泌，促进食物的消化和吸收，而且泡菜中所使用的作料如辣椒、蒜、姜、葱等，都可以促进消化酶的分泌，所以，泡菜有着很好的开胃、助消化作用，对便秘也有着改善作用。

抗菌护肠胃

泡菜经过盐水泡制、乳酸菌发酵等过程，原本表面的有害细菌早已死亡，是相对安全卫生的食物，最重要的是，泡菜中的乳酸进入身体后，能杀灭部分病原性微生物，而且其丰富的乳酸菌能抑制肠胃中其他病菌的生长发育，甚至杀灭部分病原菌和有害菌，能保护肠胃、改善肠道功能。

改善心脑血管疾病

泡菜富含维生素、膳食纤维等营养成分，已有研究发现，食用泡菜可以降低血压、降低血糖，还可以降低血清中的胆固醇和血脂浓度，可改善心脑血管疾病，预防动脉硬化，对糖尿病也有预防改善作用。

其他功效

除了以上营养功效外，泡菜还有着抗癌抗肿瘤、增强免疫力、抑制皮肤衰老等功效。

了解泡菜中的亚硝酸盐

　　泡菜在腌渍过程中容易产生致癌物质亚硝酸盐，然而，泡菜所含亚硝酸盐的多少与制作泡菜时的盐浓度、温度、腌渍时间等因素有关，所以，亚硝酸盐并不是必然存在于泡菜中，正确的腌渍方法可以尽可能地减少泡菜中亚硝酸盐的含量。

◎ 亚硝酸盐的产生

　　泡菜的主要原料是蔬菜，蔬菜在肥料中所吸收的氮会在土壤中硝酸盐生成菌的作用下产生硝酸盐，虽然蔬菜在合成植物蛋白时要吸收硝酸盐，但仍有部分硝酸盐滞留在蔬菜中，若遇上光照不足等情况影响植物蛋白的合成，蔬菜中的硝酸盐会增多。含有硝酸盐的蔬菜在腌渍过程中，坛内的细菌会产生硝酸还原酶，蔬菜中含有的硝酸盐会被硝酸还原酶还原成亚硝酸盐，这就是泡菜中亚硝酸盐的产生原因。

◎ 亚硝酸盐的危害

　　人们对亚硝酸盐的认识似乎总停留在"致癌"这一点上，下面来具体了解一下。

缺氧中毒

　　误食亚硝酸盐最常见的危害是易使人体缺氧中毒。亚硝酸盐进入人体后，会产生强氧化作用，将血液中的低铁血红蛋白变成高铁血红蛋白，导致组织缺氧中毒。中毒后轻度的患者会出现呕吐、头昏脑涨、唇色发青发紫等症状，严重的患者则会出现身体抽搐、昏迷不醒等现象，若不及时抢救会危及生命。

致癌

　　正如人们所知道的，亚硝酸盐摄入过多容易致癌，因为亚硝酸盐在自然界和胃肠道的酸性环境中可以转化为亚硝胺。亚硝胺具有强烈的致癌作用，主要引起食管癌、胃癌、肝癌和大肠癌等。并且，亚硝酸盐为强氧化剂，过量进入人体后，可使血中低铁血红蛋白氧化成高铁血红蛋白，致使组织缺氧，出现青紫而中毒。

　　虽然亚硝酸盐可危及生命，但是若摄入不多的话是不会对身体造成非常大的影响的，所以，只要日常生活中注意一些事项就可避免，不必对亚硝酸盐产生恐慌。

◎如何避免和消减泡菜中的亚硝酸盐

很多人都认为食用泡菜容易摄入亚硝酸盐，其实泡菜中的亚硝酸盐是可以减少甚至消失的，因此完全没有必要因为亚硝酸盐而对泡菜有所恐惧。下面我们一起了解一下如何消减泡菜中的亚硝酸盐。

注意制作的时间

蔬菜刚进坛腌制时，乳酸菌尚少，经过盐渍后，其他细菌也较少，这时候，硝酸还原酶尚未产生或者产生的数量少，所以，泡菜入坛泡制后的前两天，亚硝酸盐基本没有；但之后几天，因为产生的乳酸很少，泡菜坛的酸性环境还没有形成，那些耐盐、不惧缺氧的细菌也在生长，坛内所产生的硝酸还原酶也迅速增加，所以，泡菜也并不是泡越久越好。并且一般情况下泡菜都是边泡边吃，取泡菜时坛内会进入空气，取食时也易污染泡菜盐水，会使得余下的泡菜含有亚硝酸盐，这样同样不利于身体健康。

注意盐的浓度

腌渍泡菜时，盐的浓度高低，也会影响生成亚硝酸盐的多少。盐的浓度过低，对细菌的杀灭和抑制能力较小，硝酸还原酶数量大，从而导致亚硝酸盐的含量增加。所以，一般来说，泡菜盐水的浓度至少不得低于6%。

注意泡菜原料的选择

选择原料时要注意选择新鲜、成熟的蔬菜，那些不够新鲜的蔬菜体内所含有的硝酸盐和亚硝酸盐较多，蔬菜入坛泡制前要清洗干净，也可减少蔬菜中硝酸盐含量。

注意加入适当的作料

腌渍泡菜时常会加入辣椒、葱、蒜等作料，这些作料除了为泡菜增加风味外，还可抑制亚硝酸盐产生。如大蒜中含有可与亚硝酸盐结合的硫基化合物，从而减少了泡菜中亚硝酸盐的含量，同时，大蒜也可杀菌。另外，在泡菜中放入姜汁或姜片，也可抑制亚硝酸盐的生成。所以在腌渍时可放入适当的作料。

食用前可入水焯煮片刻

由于硝酸盐溶于水，食前用沸水将泡菜焯煮片刻，可使泡菜中的硝酸盐的含量降低60%至70%。

可适量服用维生素C

大多数的抗氧化剂如维生素C、E和茶多酚有明显的抑制亚硝基化反应，日服维生素C900毫克后，尿中亚硝胺的含量下降60%。

其他

除了以上方法外，还需注意用具与腌泡环境的卫生、保持泡菜坛内的缺氧环境等。

泡菜的制作流程

　　泡菜在世界各地都有，各个地区的气候、风俗、生活习惯等因素的不同，在泡菜的制作过程也略有不同。但千变万化不离其宗，制作泡菜有着较普遍的流程，下面将带大家认识一下制作泡菜的一般流程，但是，泡菜种类丰富多样，制作的时候还是需要视具体情况而定。

◎ 准备好原料和作料、香料

　　将使用到的蔬菜、作料、香料等都准备好。

◎ 原料洗涤与预处理

　　准备好要腌渍的新鲜蔬菜，将蔬菜清洗干净，老皮、老茎、破损等需要削掉，根据需要选择切分或者不切分，还有其他预处理。最后需要将蔬菜沥干水分，彻底晾干表面的水分。

蔬菜的洗涤

　　泡菜制成后，既可以直接食用，也可以用作辅料。所以，原料是否干净，不仅关乎泡菜的质量，还直接影响我们的饮食健康。除了少数荤肉类原料外，大部分泡菜原料是蔬菜，而蔬菜大多源自土壤，带有许多的细菌，还有残留农药、微生物等，不清理干净就腌渍的话，会导致泡菜不卫生，甚至腌渍过程中腐烂等。所以，一定要重视原料的洗涤。

　　洗涤蔬菜可以除去蔬菜表面的泥沙、尘土、微生物及残留农药。一般情况下，用流动清水反复洗涤干净即可，如果蔬菜表面残留农药较多，为了除去农药，在可能的情况下，还可在洗涤水中加入0.05%～0.10%高锰酸钾或0.05%～0.10%盐酸或0.04%～0.06%漂白粉，先浸泡10分钟左右（以淹没原料为宜），再用清水洗净原料。若家中不具备漂白粉等，也可以用较为传统的方法，即用1%～3%的淡盐水浸泡20分钟，再清洗干净，还可以用适量生粉浸泡约15分钟，再洗干净即可。

　　除了要注意将残留农药清洗干净外，还需要注意的地方是有部分蔬菜会有一些小皱褶、卷曲等，则需要把藏在皱褶里的污物清洗干净。此外，凡不适用的部分如粗皮、粗筋、须根、老叶以及表皮上的黑斑烂点，均应去掉。

　　新鲜蔬菜清洗干净后，如叶菜类的白菜、卷心菜等，一般不进行分切，但如体积过大的蔬菜，如南瓜、萝卜等，则可以进行分切，可切块、切条、切片等。洗净切好后，就把菜晾晒至表面水分完全干掉。

蔬菜的预处理

蔬菜的预处理指的是在蔬菜装坛前用盐进行腌渍。

蔬菜的预处理不仅可以去掉蔬菜中多余的水分，使盐分渗入到蔬菜中，还可以在泡菜装坛前杀灭细菌，使盐水和泡菜更为清洁卫生。

在进行预处理的时候，要注意盐分的用量和腌渍的时间，不能一概而论，需要视蔬菜的质地而定。各类蔬菜的质地不同，有一些蔬菜质地细嫩，机体组织较薄，含水量高，盐分容易渗透，则需要缩短其腌渍时间；有一些蔬菜质地结实，含水量低，盐分渗透缓慢，故需要延长腌渍时间或者增加用盐分量。另外，我们在保证泡菜质量的基础上，可以根据个人口味酌量增减盐分和时间。

原料的预处理，除了腌渍外，还包括处理蔬菜的颜色、异味等问题。绿叶类蔬菜含有较浓的色素，预处理后可去掉部分色素，这不仅利于它们定色、保色，而且可以消除或减轻对泡菜盐水的影响。有些蔬菜，如莴笋、包菜、胡萝卜等，含苦涩、土臭等异味，经预处理可基本上将异味除去。

◎ 制作盐水

原料处理好后，就需要配制盐水了。如果用的是老盐水，则可以对老盐水进行改进，如加入盐或者其他材料，但不需要重新配制，如果没有老盐水，则需要配制盐水。

泡菜盐水，指的是用来腌渍蔬菜的盐水，泡盐水，则是指配制盐水的过程。

配制泡盐水的水宜用硬水，尤其是富含矿物质的硬水，如井水和矿泉水，其腌渍出来的泡菜成品更为鲜脆，硬度较大的自来水也可使用，很多家庭也是直接使用自来水。但是，经过处理的软水就不适宜用来配制盐水。用来配制盐水的盐，有海盐、岩盐、井盐等，其中最适合用来配制盐水的是井盐。我们平常所用的盐，大部分都可用来配制盐水。

泡菜盐水可分为"洗澡盐水""新盐水""老盐水""新老混合盐水"。

洗澡盐水

洗澡盐水是指需要边泡边吃的蔬菜使用的盐水，用约100毫升冷开水、28克盐与25%～30%老盐水配制而成，最后再加上其他所需作料。

新盐水

新盐水是新配制的盐水，用100毫升冷开水与25克盐，加上20%的老盐水与其他作料一起配制而成。用新盐水泡好菜后取出，及时放入新的材料，如此循环往复，则越泡越老，泡菜越泡越好吃。

老盐水

老盐水，俗称母水，是有两年以上时间的泡菜盐

水，中国古时有不少地方以老盐水作为闺女的嫁妆，可传几代，且传女不传男，可见老盐水的价值所在。

新老混合盐水

新老混合盐水，是用一半新盐水与一半老盐水混合而成的盐水。新盐水泡制的泡菜品质不如老盐水，但如果找不到足够老盐水，也可用新老混合盐水。

原理

在腌渍的过程，运用了盐水灭菌的原理。泡菜必须用盐水腌渍，或者先用盐腌渍后再放入盐水中浸泡，利用盐水的高渗透压作用使细菌失水死亡。

盐水的配制，除了用盐外，常常还会根据原料和喜好加入其他作料或香料，如花椒、大蒜、姜、辣椒、糖、白酒、醋、干辣椒等。

◎装坛

盐水配制好后，就把已晾干表面水分的蔬菜装入坛中，最后盖上坛盖，往坛沿的水槽中注入适量清水，将泡菜坛密封，使坛内与空气隔绝。

泡菜坛的选择

工欲善其事，必先利其器，要制作出好泡菜，首先得选购一个好泡菜坛。

泡菜坛，又名水坛子，是腌渍泡菜的必备容器。传统的泡菜坛以陶土为原料，两面上釉烧制而成，两头小、中间大，坛口边缘设有一圈水槽，即坛沿。泡菜坛有抗酸、抗碱、抗盐、密封的特点，可以自动排气而又隔离空气。

市场上的泡菜坛良莠不齐，想要选购优质泡菜坛，得掌握一些技巧。选择好的泡菜坛，有以下方法：

①观察泡菜坛的外形：好的泡菜坛其外形有火候好、釉质佳、无砂眼等特点。

②查看泡菜坛的内壁：将泡菜坛放入水中，查看泡菜坛的内壁，若没有砂眼、裂纹且不渗水，才是好的泡菜坛。

③试验泡菜坛的吸水力：坛沿上倒入一半清水，将一卷纸，点燃后放入坛内，然后盖上坛盖，能把沿内的水吸干的则是好的泡菜坛。

④敲坛听声音：用手轻轻敲打一下坛壁，呈钢音的则表明质量好，反之则次。

装坛方法

除了要选择好的泡菜坛外，泡菜的装坛对泡菜的质量更是至关重要，泡菜装坛方法大致可分三种，分别是干装法、间隔装法、盐水装法。

干装法

干装法是指将泡菜坛洗净抹干后，先装入半坛蔬菜，放上香料，将蔬菜装至八成满，将作料与盐水拌匀后倒入坛中，直至没过原料，盖紧盖子，往坛沿注入清水即可。适合干装法的是质地轻巧、泡制时间长的蔬菜。

间隔装法

间隔装法是将泡菜坛洗净抹干后，将蔬菜与作料间隔装至半坛，再放上香料，放入蔬菜至九成满，剩余作料与盐水拌匀后倒入坛子，最后盖紧坛盖，往坛沿注入清水。

间隔装法可使作料充分发挥作用，更易渗透到蔬菜中，泡菜的质量更好。

盐水装法

盐水装法是将泡菜坛洗净抹干后，先倒入盐水，放入作料，拌匀，然后装入蔬菜至半坛，再放上香料，然后将蔬菜装至九成，盖紧坛盖，往坛沿注入清水。盐水装法适用于在泡制时能自行沉下去的蔬菜，如根茎类的萝卜等。

原理

在这个过程中，将材料装入泡菜坛，最主要是为了隔绝空气。泡菜坛隔绝空气，绝大部分细菌的生存都需要氧气，隔绝空气之后，会使绝大部分的细菌杂菌因缺氧而死亡。灭菌是泡菜得以保存的首要前提。

装坛的注意要点

概括来说，泡菜装坛必须注意以下几点：

①泡菜坛一定要用清水洗净，然后抹干、晾干，即坛里不能有生水，否则泡菜容易变质。

②严格做好操作者个人、用具和盛器的清洁卫生，使用的筷子、盛器等都不能沾有油荤、生水等。

③蔬菜装坛时，放置应有次序，切忌装得过满，坛内要留下足够的空隙，以备盐水热涨。

④盐水必须淹过所泡原料，以免原料氧化而败味变质。

⑤制作泡菜所需的调料，有些放入盐水就马上拌匀（如白酒、料酒等）；有些则要先溶化后再加入坛里拌匀（如红糖或白糖等）；有些则应随蔬菜合理放置（如甘蔗、干辣椒等）。不同的调料用不同的方式，才能充分发挥它们的作用。

◎管理

蔬菜装坛后，要对其进行管理，密切注意泡菜坛内的状态，观察、检查盐水是否正常等，发现异常需要及时采取措施，以保证泡菜的质量。

常见问题与处理

在泡菜腌渍的过程中，有可能出现的问题有：盐水变混浊；盐水发黑；盐水发出恶臭味；盐水内出现蛆虫；盐水出现涨缩或冒泡；盐水长霉。一般情况下，盐水变混浊或涨缩、冒泡，对泡菜质量的影响不大，但若出现蛆虫或者盐水发黑发臭，则不能再用。

最常出现的问题是盐水长霉。盐水长霉的防治措施有：

①盐水中长霉较严重的话，需要将泡菜坛倾斜，然后注入新盐水，至霉花从坛内溢出；长霉情况不严重的话，用工具将霉打捞干净就可以了。

②再加入大蒜、洋葱等有杀菌作用的蔬菜，可将霉菌杀死。

③加入白酒，可以阻止霉菌继续长成，并抑制霉菌的行动。将霉菌去掉后，要注意再加入一些香料、蔬菜和作料。

日常管理

盐水是否正常关乎泡菜的质量优劣，所以盐水的日常管理我们也要注意以下几点：

①泡制的过程中，需要不时开坛检查，及时发现盐水或泡菜的异常霉变。

②要注意保持坛沿上一直有清水，以保证空气和细菌不进入坛中，且坛沿的清水要常换，水少了要增加。

③揭坛盖时，不能把生水带入坛内。

④将泡菜取出来时，手或竹筷不能带有油荤或者其他细菌杂物。

原理

蔬菜和空气中带有很多不同的细菌，蔬菜放入泡菜坛后，经过盐水灭菌和缺氧灭菌，泡菜坛里的多数细菌都难以生存，但乳酸菌得以存活，因为乳酸菌耐盐而且属于厌氧菌，在隔绝空气后，乳酸菌不仅没有因缺氧而死，缺氧的条件还为乳酸菌创造了良好的生长条件，使得乳酸菌成为泡菜坛中的优势菌落。乳酸菌在缺氧条件下发酵，分解蔬菜中的糖类、有机物等物质，产生乳酸，形成了酸性环境，酸性环境可使细菌死亡，也形成泡菜酸性特殊风味。

在乳酸菌发酵、分解有机物的同时，会产生二氧化碳、醋酸、乙醇、高级醇、芳香族酯类等物质，使泡菜与其产生醇化反应，结合泡菜中加入的其他香料、作料等，让泡菜的特殊风味更为突出。

乳酸菌的发酵作用是泡菜制作最核心的原理。因而拿捏好发酵的"火候"，成为决定这些泡菜品质的关键。倘若时间太短，乳酸发酵不充分，蔬菜中糖类分解的产物驳杂，泡菜则口感不佳；但若腌得时间过久，泡菜就会酸过了头。

泡菜的食用艺术

泡菜是一种配菜，但是它却可以有许多不同的食法来满足人们不同的饮食需求。泡菜的食用方法可区分为本味和味的变化两类。若细分则为本味、拌食、烹食、改味四种。

◎本味

一般说来，泡什么味就吃什么味，这是最基本的食用方法。如甜椒取咸香酸甜味，子姜则取微辣味。

◎拌食

在保持泡菜本味的基础上，视菜品自身特性或客观需要，再酌加调味品拌之，这种食法也较常用。但拌食的好坏，关键在于所加调味品是否恰当。如泡牛角椒，它已具有辛辣的特性，就不宜再加红油、葱、花椒等拌食；而泡萝卜、泡青菜头加红油、花椒末等，其风味则又别具一格。

◎烹食

根据需要将泡菜经刀工处置后烹食，这只适用于部分品种，并有素烹、荤烹之别。如泡萝卜、泡豆角等，既可同干红辣椒、花椒、蒜薹炝炒，又可与肉类合烹。而泡菜鱼、泡菜鸭、酸菜鸡丝汤等更是脍炙人口。

◎改味

将已制成的泡菜放入另一种味的盐水内，使其具有所需的复合味。此属应急之法，特殊情况才可使用，由于加工时间短促，效果远不及直接泡制的好。

泡菜的食用量需要掌握好。泡菜食用量的掌握原则是，根据家庭成员的数量及喜好程度，能食用多少，就从泡菜坛内捞出多少。没食用完的泡菜不能再倒入坛内，以防坛内泡菜变质。

泡菜的调味配料

制作泡菜不仅仅是加盐水就可以了，人们根据各自的喜好，还可以加入不同的调料，以腌渍出自己喜欢的泡菜。

想制作风味不同的美味泡菜，除了变换原料，当然少不了配料的帮忙。一般来说，泡菜常用的配料包括盐、糖、酱油、醋、茴香、花椒、胡椒、五香粉、辣椒、生姜、大蒜等，当然配料也可以根据不同的口味来适当添加，北京人喜欢荤味，可加些花椒、大蒜和姜；四川、湖南等地人喜辣，可稍加些辣椒；上海、广东人爱吃甜食，可多加些糖。

◎糖

糖是制作泡菜时不可缺少的调味品之一。常用的品种有白糖和红糖。

白糖有助于提高机体对钙的吸收；红糖具有益气、缓中、助脾化食、补血破瘀等功效。

在泡制过程中，糖通过扩散的作用渗入腌渍原料组织内部，使菜内汁液的水分活力大为下降，渗透压增加，致使微生物产生脱水作用，所以糖既可以起到脱水的作用，又可以起到调剂口味的作用。初次制作泡菜时，可适当多加些糖，可以加速发酵、增加乳酸、缩短泡菜的制作时间。

◎酱油（酱）

酱油（酱）中含有一定量的食盐、糖、氨基酸等物质，因而不仅能赋予制品鲜味，还能增强制品的防腐能力。

在制作泡菜的过程中常常会用到乏酱油（乏酱），就是指泡制过一次蔬菜的陈年酱油（酱汁）。

◎醋

醋除含有醋酸以外，还含有其他挥发性和不挥发性的有机酸、糖类和氨基酸等物质。因此，它不仅具有相当强的防腐能力，而且能使腌渍品产生芳香美味，在第一次使用的泡菜汁中，加入适量醋，可抑制发酵初期有害微生物的繁殖，使乳酸发酵正常进行。

◎茴香

茴香有大茴香和小茴香之分，都是常用的调料。

大茴香也称八角、大料、八角茴香，具有芳香辛辣味，多用作香辛料。

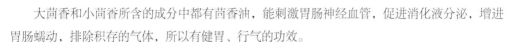

小茴香也称茴香，性味与大茴香相似，有香味而微苦，适用于作调味品。

大茴香和小茴香所含的成分中都有茴香油，能刺激胃肠神经血管，促进消化液分泌，增进胃肠蠕动，排除积存的气体，所以有健胃、行气的功效。

◎花椒

花椒为芸香科植物花椒的果皮，又叫川椒。其果壳味辛性烈，能散寒、理气、杀菌、消毒，可供药用，可辅助治疗胃腹冷痛、呕吐、泻痢等，对慢性胃炎也有疗效。

花椒是常用调味香料，其球形果皮中含有大量的芳香油和花椒素成分，使花椒具有一种特殊的香味和麻辣味，还能健胃和促进食欲，多作调味品使用。

◎胡椒

胡椒为胡椒科植物的果实。果实小，珠形，成熟时红色，干后变黑，有白胡椒和黑胡椒之分，可作调味香料。入中药能温中祛寒，有健胃的功效。胡椒的果实和种子均含有大量的胡椒碱和芳香油，是形成胡椒特异辛辣味和清香味的成分。

◎五香粉

五香粉是用几种调味品配制而成的。由于各地人们喜爱不同，因而地区之间、作坊之间在制作五香粉时，所用的香料品种有多有少，各种调味品在五香粉中所占比例也不相同，其在泡菜中的主要作用也着重于调节泡菜的味道，使其更醇厚。

◎辣椒、生姜

辣椒和生姜都含有相当数量的芳香油，芳香油中有些成分具有一定的杀菌能力和防腐作用。辣椒中的辣椒素除了强烈的辣味

外，还有较强的抑菌、杀菌能力。生姜在嫩芽或老的茎中都含有2%左右的香精油，其中姜酮和姜酚是辛辣味的主要成分，具有一定的防腐作用。

◎大蒜

大蒜在蔬菜腌渍过程中也具有广泛的用途。既可以作为腌渍品的主体原料，又可作为辅料添加到腌渍品中去。大蒜具有很强的杀菌能力，因而可以作为腌渍蔬菜时的防腐剂和调味品。

◎香料包

可以自己动手将调料制成香料包，一般包括白菌、排草、八角、三奈、草果、花椒、胡椒等。除上述调料外，还有诸如小茴香、丁香、肉桂、橘皮等均可用来制作泡菜，随不同地区的口味而异。通常家庭购买香料不一定齐全，这并不影响泡菜制作，只是风味有变化而已，况且一些地区制作泡菜并不加作料、香料，只加盐即可。

◎盐水

盐水作为泡菜的主要调味料，在泡菜家族中占据着重要的地位。盐水配制的成功与否直接影响着泡菜成品的质量，因此，盐水的品质是不容忽视的。

泡菜盐水的含盐量根据不同地区和不同的泡菜种类而不同。家庭泡菜常用的盐水有洗澡盐水、新盐水、老盐水、混合盐水这几种，在上文已有介绍，这里就不再重复了。

◎白酒

制作泡菜时，加入适量白酒，能够使泡菜的味道更加香醇可口，所以说，白酒是泡菜不可缺少的调味料。究其原因，是因为白酒与泡菜中的乳酸会发生化学反应，生成一种特有的乳酸乙酯，而这种乳酸乙酯又具有一种独特的香气，使出坛的泡菜香气迷人。不过，白酒的用量也不能过多，不然，泡菜吃出酒味就会影响口感。制作泡菜时，加入白酒后需要把制作泡菜的器皿密封，才能让白酒发挥作用。

PART 2
家常
泡菜

　　泡菜，经历了千百年的传承、创新，在国人心中有着非常特殊的意义，它是属于大众的美食。在中国，很多家庭都会制作泡菜，多少漂泊在外的人心中都挂念家中的美味泡菜，这就是泡菜的非凡魅力。那些最家常的泡菜，往往有着最令人难以忘怀的味道，触动的不仅是味蕾，还有心弦。本章将为大家精选传统家常泡菜，让你无论身在何方，动动手就可品尝心中怀念的美味泡菜。

酸味泡菜

咸酸味泡苦瓜

▌难易度：★★☆ ▌泡制时间：5天（适温9℃~16℃）

🌶 原料

苦瓜300克，红椒片、蒜头各少许

🍲 调料

盐30克，白醋20毫升

🍴 做法

❶苦瓜洗净，去除瓜瓤，切成小丁块。

❷锅中注水烧开，倒入苦瓜，煮熟后捞出，过凉水，沥干水分。

❸碗中放入红椒片、蒜头、盐、白醋、矿泉水，拌至入味。

❹将拌好的材料转到玻璃罐中，倒入汤汁，压紧实。

❺加盖拧紧，置于低温阴凉处泡制5天。

❻取出苦瓜即可。

❶苦瓜洗净，去瓤，切块；朝天椒洗净，切圈。

将苦瓜块装入碗中，加入盐、蒜头、朝天椒、白醋、矿泉水。

❷将苦瓜块装入碗中，加入盐、蒜头、朝天椒、白醋、矿泉水。

❸搅拌均匀后盛入玻璃罐中，压紧实后舀入碗中剩余的汁液。

❹加盖密封，置于干燥阴凉处浸泡5天。

❺取出腌好的苦瓜，装盘即可。

泡苦瓜

▌难易度：★★☆ **▌泡制时间：5天（适温7℃～15℃）**

🌶 **原料**

苦瓜200克，蒜头15克，朝天椒10克

🍲 **调料**

盐20克，白醋20毫升

制作指导：

苦瓜放入适量的糖水中浸泡一会儿后再腌渍，可减轻苦瓜的苦味。

✖️ 做法

❶嫩姜洗净切片；苦瓜洗净切片；海带洗净切块；柠檬洗净切片。

❷将苦瓜片装入碗中，加入盐、白糖、味精、嫩姜片、柠檬片、海带块、酸梅、矿泉水，拌匀。

❸将拌好的材料夹入玻璃罐中，再倒入泡汁，压实。

❹加盖密封，置于阴凉干燥处泡制3天。

❺泡菜已经制成，取出即可。

苦瓜泡菜

▌难易度：★★☆ ▌泡制时间：3天（适温16℃～22℃）

🌶 原料

苦瓜300克，柠檬30克，嫩姜20克，海带60克，酸梅适量

🍲 调料

盐20克，白糖20克，味精适量

制作指导：

处理苦瓜时可将瓜瓤和白色部分全部去除干净，以免苦味过重影响口感。

酱小青瓜

■ 难易度：★☆☆　■ 泡制时间：10天（适温7℃～15℃）

🌶 原料

小青瓜500克，朝天椒20克，蒜头、姜片各10克

🍲 调料

盐35克，白醋25毫升，白糖10克

🍴 做法

❶ 洗好的小青瓜装碗，加入盐、白糖，用手搓至糖分溶化。

❷ 放入洗净的朝天椒、蒜头、姜片，淋入白醋。

❸ 再倒入150毫升矿泉水，用筷子拌匀。

❹ 将拌好的小青瓜、姜片、蒜头夹入玻璃罐中，倒入矿泉水。

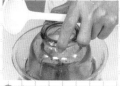

❺ 盖上盖，再向坛口淋上少许水，置于阴凉处浸泡10天。

❻ 取出即可。

制作指导：

小青瓜的尾部含有较多的苦味素，这种成分有抗癌的作用，所以制作时不要把青瓜尾部丢掉。

🍴 做法

① 洗净的小黄瓜对半切开，切瓣，再切成小段。

② 小黄瓜装碗，加入盐，搅拌均匀，倒入白醋，拌匀。

③ 小黄瓜中加入辣椒面、洗净的干辣椒，倒入矿泉水，拌匀。

④ 把小黄瓜转入玻璃罐中，倒入泡汁。

⑤ 盖上盖，拧紧，置于阴凉干燥处泡制5天，取出即可。

小黄瓜酸辣泡菜

▌难易度：★☆☆ ▌泡制时间：5天（适温6℃～15℃）

🌶 **原料**
小黄瓜150克，干辣椒4克

🍲 **调料**
白醋30毫升，盐20克，辣椒面4克

制作指导：

腌渍小黄瓜所用的玻璃罐一定要先清洗干净，待晾干后再使用。

泡芦笋

难易度：★☆☆ | 泡制时间：7天（适温6℃～15℃）

🌶️ 原料

芦笋200克，干辣椒4克

🍲 调料

白醋40毫升，盐20克，白酒10毫升，白糖10克

🍴 做法

❶洗净的芦笋去皮，切成小段。

❷将芦笋段装入碗中，加入盐、白糖、白酒、白醋，拌匀。

❸放入干辣椒，搅拌均匀，倒入矿泉水，用筷子搅拌均匀。

❹把芦笋段装入玻璃罐中，倒入泡汁。

❺盖紧盖，置于阴凉干燥处密封7天。

❻将腌好的芦笋取出即可。

制作指导：

削去芦笋外面质老的部分，洗净，切成小段，再入沸水中焯一下，沥干水分后再用于腌渍可缩短泡制的时间。

泡玉米笋

■ 难易度：★☆☆　■ 泡制时间：7天（适温6℃～15℃）

🌶 原料

玉米笋300克，朝天椒15克

🍲 调料

白醋50毫升，盐30克，白糖10克

🍴 做法

❶锅中注入适量清水烧开。

❷倒入洗净的玉米笋，煮5分钟，捞出。

❸玉米笋装碗，撒上盐、白糖，放入洗好的朝天椒，淋入白醋，注入约200毫升矿泉水，拌匀。

❹取一个干净的玻璃罐，放入拌好的玉米笋，倒入碗中汁液。

❺盖上盖，拧紧，置于阴凉干燥处，浸泡约7天。

❻取出腌好的泡菜，摆好盘即成。

制作指导：

玉米笋的须不宜食用，泡制时要将其清理干净，以免破坏泡菜的味道。此外，做此泡菜还可以适量加入一些花椒。

开胃酸笋丝

难易度：★☆☆ ┃ 泡制时间：2天（适温5℃～18℃）

🌶 **原料**

冬笋150克

🍲 **调料**

盐25克，白醋15毫升

🍴 **做法**

❶洗净的冬笋先切薄片，再切丝。

❷将冬笋丝放入碗中，加入盐，拌匀，腌渍10分钟。

❸将腌好的冬笋丝用白开水洗干净，沥干水分，装入玻璃罐中。

❹加入适量盐，再加入白醋，拌匀。

❺盖紧盖，密封2天。

❻取出制作好的笋丝即可。

制作指导：

因为冬笋含有草酸，容易和钙结合成草酸钙，所以腌渍前可以用淡盐水先焯水，去除大部分草酸和涩味。

胡萝卜泡菜

难易度：★☆☆ | **泡制时间：2天（适温8℃~12℃）**

🌶 原料

胡萝卜250克，干辣椒适量

🍲 调料

盐25克，白糖5克，白醋50克，料酒少许

🍴 做法

❶胡萝卜洗净，切成小块。

❷胡萝卜加盐和少许凉开水拌匀，腌渍4~5小时。

❸温开水中加入干辣椒、白醋、盐、白糖拌匀。

❹再加入少许料酒拌匀，调成醋水，放入泡菜坛子中。

❺将胡萝卜放入干净的泡菜坛子中，盖上盖，腌渍2天。

❻取出腌好的胡萝卜即可。

制作指导：

胡萝卜富含维生素，有轻微而持续发汗的作用，可刺激皮肤的新陈代谢，增进血液循环，从而使皮肤细嫩光滑。

咸酸味泡胡萝卜

难易度：★☆☆ | **泡制时间：7天（适温10℃~15℃）**

原料

胡萝卜200克

调料

盐、白糖、白醋各适量

制作指导：

胡萝卜不宜食用过量，因为其所含的胡萝卜素会使肤色变成橙黄色。

做法

❶胡萝卜去皮洗净，切成小丁块。

❷将胡萝卜丁放入碗中，加入盐、白糖，拌至糖分溶化，再倒入白醋、矿泉水，搅拌均匀。

❸将拌好的胡萝卜装入玻璃罐中，压实，再倒入碗中的汁液。

❹盖紧盖，置于阴凉处泡制7天。

❺取出泡制入味的胡萝卜，摆好盘即可。

✕ 做法

① 胡萝卜、白萝卜均洗好去皮，切条；黄瓜、红椒均洗净去皮，切条；芹菜洗净切段。

② 将白萝卜、胡萝卜装入碗中，加入盐、黄瓜、芹菜、红椒、泡椒、白酒、白醋，拌匀。

③ 把所有材料装入玻璃罐中，压紧压实。

④ 盖紧盖，置于干燥阴凉处密封1天。

⑤ 取出泡菜，装入盘中即可。

萝卜时蔬泡菜

▌难易度：★★☆ ▌泡制时间：1天（适温12℃～18℃）

🌶 原料

白萝卜200克，胡萝卜、黄瓜各50克，红椒20克，芹菜、泡椒各15克

🍲 调料

白醋30毫升，盐10克，白酒10毫升

制作指导：

做好的泡菜也可放入冰箱冷藏，不过，要延长泡制的时间，两天后取出即可。

咸酸味泡藕片

难易度：★☆☆ | 泡制时间：3天（适温12℃~17℃）

🌶 **原料**

莲藕150克，辣椒圈10克

🍲 **调料**

白糖10克，盐30克，白醋25毫升

🍴 **做法**

①将去皮洗净的莲藕切成薄片，再浸于清水中。

②取一干净的碗，倒入藕片，加入白糖、盐，再淋上白醋。

③倒入适量的矿泉水，拌约1分钟至糖分溶化。

④放入辣椒圈，拌匀，放入玻璃罐中，压紧实。

⑤再倒入碗中的泡汁，扣紧盖子，置于避光阴凉处泡制3天。

⑥取出泡制好的藕片即成。

制作指导：

此菜取出后若味道太咸，可加入少量白糖拌匀，再密封一天，能够减轻菜品的咸味。

❶莲藕去皮洗净，切片，装入碗中；生姜洗净切片。

❷锅中注水烧开，倒入装有藕片的碗中，略烫后沥干水分。

❸取一个碗，放入莲藕、姜片、八角、白糖、白醋，拌匀。

❹将拌好的莲藕和泡汁倒入玻璃罐中，加入矿泉水。

❺盖上盖，置于干燥阴凉处密封7天，取出即可。

甜酸莲藕泡菜

▍难易度：★☆☆　▍泡制时间：7天（适温4℃～13℃）

🌶 原料
莲藕300克，生姜30克，八角少许

🍲 调料
白糖10克，白醋50毫升

制作指导：

切好的莲藕放入水中浸泡，以防止其氧化发黑。如果莲藕外皮发黑，有异味，则不宜食用。

醋泡藠头

难易度：★☆☆ ｜ 泡制时间：7天（适温8℃～16℃）

🌶 原料

藠头100克

🍲 调料

白醋30毫升，盐10克，白酒10毫升，白糖8克

🍴 做法

❶洗净的藠头装碗，加入盐，搅拌均匀。

❷倒入白酒，搅拌均匀，再倒入白醋。

❸放入白糖，把藠头与所有调料一起搅拌均匀。

❹将拌好的藠头夹入玻璃罐中，倒入碗中的泡汁，压实压紧。

❺盖上盖，置于阴凉处密封7天。

❻将腌好的泡菜取出即可。

制作指导：

泡制藠头时，可根据个人的喜好适量添加白糖，若不喜欢食用酸的可在醋水中多加些白糖。

什锦酸菜

难易度：★★☆ | 泡制时间：7天（适温18℃～20℃）

🌶 原料

白菜150克，黄瓜100克，胡萝卜70克，洋葱50克，红椒20克

🍲 调料

白醋50毫升，盐30克，白酒15毫升，白糖10克

🍴 做法

❶黄瓜、胡萝卜、红椒、白菜、洋葱均洗净切片。

❷锅中注水烧开，将开水倒入装有胡萝卜的碗中，烫约5分钟。

❸大碗中倒入矿泉水，加入盐、白糖、白酒拌匀，制成泡汁。

❹在玻璃罐中倒入所有蔬菜，压紧压实，舀入泡汁，淋入白醋。

❺盖紧盖，在室温下密封7天。

❻揭盖，将泡菜取出即可。

制作指导：

白菜口感柔嫩甘甜，制作成泡菜，营养丰富、鲜嫩爽口。若是不喜欢食用过酸的泡菜，可以多添加一些白糖再腌渍。

❶ 把洗净的圆白菜切去菜根，切成小块，放入容器中待用。

❷ 取碗，倒入干辣椒、辣椒面，加入盐、白醋、白酒、凉开水，拌匀，放入圆白菜，拌匀。

❸ 拌好的材料连汤汁一起盛入玻璃罐中。

❹ 盖上盖，放在阴凉干燥处，浸泡4天。

醋椒酸圆白菜

▌难易度：★☆☆ ▌泡制时间：4天（适温6℃~15℃）

原料

圆白菜300克，干辣椒5克

调料

盐30克，白醋50毫升，白酒15毫升，辣椒面7克

制作指导：

倒入汁液后要将圆白菜压紧一点，这样瓶底的空气较少，能使成品的味道更好。

❺ 取出腌好的圆白菜即可。

泡南瓜

| 难易度：★☆☆ | 泡制时间：5天（适温6℃～13℃）

原料

南瓜300克，蒜头15克

调料

盐15克，白醋15毫升

做法

❶ 洗净去皮的南瓜切成小块，装入碗中。

❷ 碗中加入蒜头，放入盐，倒入白醋，搅拌均匀。

❸ 再倒入约400毫升的矿泉水。

❹ 将拌好的材料装入玻璃罐中，注入刚好没过材料的矿泉水。

❺ 盖上盖，密封，置于阴凉处浸泡5天。

❻ 将泡制好的南瓜取出，夹入盘中即可。

制作指导：

南瓜皮含有丰富的胡萝卜素和维生素，所以最好连皮一起食用，如果皮较硬，就用刀将硬的部分削去再食用。

咸酸味泡西葫芦

| 难易度：★☆☆ | 泡制时间：4天（适温6℃~15℃）

原料

西葫芦200克

调料

白醋40毫升，盐25克，白酒15毫升，白糖10克

制作指导：

把西葫芦装入玻璃罐后盖子要拧紧，以免空气进入罐中滋生细菌。

✗ 做法

❶洗净的西葫芦切成条，用斜刀切成块。

❷西葫芦装碗，加入盐、白糖，拌匀。

❸倒入白醋，拌匀，加入白酒、矿泉水，搅拌匀。

❹把西葫芦装入干净的泡菜坛中，倒入泡汁，压实压紧。

❺盖上盖，置于阴凉干燥处密封4天，取出即可。

做法

❶ 洗净的西葫芦切瓣，再切成丁。

❷ 把切好的西葫芦装入碗中，加入盐、白酒，放入洗净的干辣椒，拌匀。

❸ 将辣椒面倒入西葫芦中，倒入矿泉水、白醋，拌匀。

❹ 把西葫芦装入玻璃罐中，倒入泡汁。

❺ 盖上盖，拧紧，置于阴凉干燥处密封4天，取出即可。

酸辣味泡西葫芦

▌难易度：★☆☆ ▌泡制时间：4天（适温10℃～18℃）

原料

西葫芦200克，干辣椒少许

调料

白醋40毫升，盐25克，白酒15毫升，辣椒面少许

制作指导：

制作泡菜要选用新鲜无腐烂的西葫芦，选购时可用手摸，如果发空、发软，说明已经老了。

泡瓠瓜

| 难易度：★☆☆ | 泡制时间：5天（适温5℃～10℃）

🌶 **原料**

瓠瓜200克，蒜头15克，辣椒圈10克

🍲 **调料**

盐25克，白酒15毫升，白糖6克，白醋20毫升

🍴 **做法**

❶瓠瓜去皮洗净，去瓤籽，斜切成小块。

❷把瓠瓜块盛入碗中，放入辣椒圈、蒜头，拌匀。

❸再加入盐、白糖、白酒，拌匀，倒入白醋、矿泉水，拌匀。

❹将拌好的瓠瓜用汤匙舀入玻璃罐中，再倒入味汁。

❺加盖密封，置于5~10℃的室温下浸泡约5天。

❻瓠瓜泡菜制成，取出即可。

制作指导：

将瓠瓜洗净后入沸水锅中焯煮，可以缩短腌渍瓠瓜的时间。如果想要做成麻辣口味的泡菜，可以撒入花椒、干辣椒。

蒜泥泡冬瓜条

难易度：★☆☆　　泡制时间：3天（适温18℃~23℃）

🌶 原料

冬瓜300克，大蒜20克

🍲 调料

白醋50毫升，盐10克，白糖10克

🍴 做法

❶大蒜去皮洗净，拍碎，捣成蒜泥；冬瓜去皮洗净，切条。

❷取玻璃碗，把冬瓜条装入其中，倒入蒜泥，加入盐，拌匀，使盐完全溶化。

❸倒入白醋、矿泉水和白糖，搅拌均匀。

❹将拌好的冬瓜条舀入玻璃罐中。

❺盖紧盖，在室温下密封3天。

❻揭开盖，将腌好的泡菜取出，装入盘中即可。

制作指导：

冬瓜表皮的毛刺用流水清洗干净，能避免在去皮时刺疼手。选购冬瓜时，要选择冬瓜皮较硬，肉质细密的冬瓜。

泡土豆

| 难易度：★☆☆ | 泡制时间：2天（适温18℃～25℃）

原料
土豆300克，朝天椒20克

调料
盐20克，白糖6克，白醋25毫升

制作指导：
将土豆放入沸水锅中略煮一会儿再捞出，去皮会更容易。

做法

❶土豆洗净去皮，切丝，放入清水中浸泡，以免变色发黑。

❷将沥干水分的土豆丝装入碗中，加入盐、白糖、白醋，拌匀，放入洗好的朝天椒，拌匀。

❸将拌好的材料放入玻璃罐中，压实。

❹加盖密封严实，放置于阴凉处腌渍2天。

❺土豆泡菜制成，装入盘中即可。

PART 2　家常泡菜　039

❌ 做法

❶蒜薹洗净切段。

❷将蒜薹装入碗中，撒上盐，倒入蒜片、红椒片、姜片，淋入白醋、白酒，注入约150毫升矿泉水，拌至盐分溶化。

❸取玻璃瓶，盛入蒜薹，倒入碗中剩余的泡汁，压紧食材。

❹盖上瓶盖，拧紧，置于阴凉干燥处泡制约7天。

❺将泡菜取出，摆好盘即可。

醋泡蒜薹

▌难易度：★☆☆ ▌泡制时间：7天（适温8℃～15℃）

🌶 原料

蒜薹200克，姜片、蒜片、红椒片各少许

🍲 调料

白醋30毫升，盐20克，白酒10毫升

制作指导：

蒜薹的味道偏辛辣，食用腌好的蒜薹时，可以放入适量白糖调味，能减轻辣味。

泡芋头

难易度：★☆☆ ▍泡制时间：7天（适温5℃~18℃）

🌶 **原料**

芋头300克，红椒圈20克

🍲 **调料**

盐25克，白醋15毫升，白糖10克

🍴 **做法**

① 芋头去皮洗净，切小块。

② 锅中注水煮开，放入芋头，转中火煮2分钟至熟，捞出装碗。

③ 碗中加入盐、白糖，倒入红椒圈。

④ 再加入白醋，搅拌均匀。

⑤ 将拌好的材料放入玻璃罐中，倒入矿泉水，盖紧盖，密封7天。

⑥ 取出腌渍好的芋头，装入盘中即可。

制作指导：

将带皮的芋头装进小口袋里（只装半袋），用手抓住袋口，在坚硬的地上摔打，倒出后便可发现芋头皮全脱下了。

酸辣泡芹菜

| 难易度：★☆☆ | 泡制时间：5天（适温7℃～16℃）

🌶 原料

芹菜200克，花椒水150毫升，红椒30克

🍲 调料

白醋40毫升，盐20克，白酒15毫升，白糖10克

🍴 做法

❶芹菜洗净切段；红椒洗净去蒂，切丁。

❷把芹菜、红椒丁装入碗中，加入盐、白糖、白酒，拌匀。

❸将白醋倒入芹菜中，再倒入花椒水，搅拌均匀。

❹把芹菜转入玻璃罐中，倒入余下泡汁。

❺拧紧瓶盖，置于阴凉干燥处密封5天。

❻将腌好的泡菜取出即可。

制作指导：

制作好的泡菜若食用时觉得不合口味，还可以作些调整，若是觉得泡菜不脆，可以适量加点白酒。

酸辣味泡芹菜

难易度：★☆☆ | **泡制时间：5天（适温10℃~16℃）**

🌶 原料

芹菜300克，朝天椒15克，蒜头10克

🍲 调料

盐35克，白糖7克，辣椒面7克，白醋20毫升

🍴 做法

①芹菜洗净切段；朝天椒洗净切圈。

②把芹菜放入碗中，倒入蒜头、朝天椒，再撒上辣椒面。

③加入盐、白糖，淋上白醋，注入适量的矿泉水，拌匀入味。

④将拌好的芹菜装入玻璃罐中，倒入碗中的味汁。

⑤盖上盖，拧紧实，置于低温阴凉处泡制约5天。

⑥取出泡制好的芹菜即可。

制作指导：

朝天椒用浸过清水的刀切圈，可避免辣味素刺激眼睛。在购买芹菜时，应选择芹菜茎光滑、松脆、长短适中的芹菜。

✘ 做法

❶将洗净的芹菜切成长约2厘米的段，放入碗中。

❷再倒入胡萝卜条、蒜头，加入盐，拌约1分钟至盐分溶化。

❸淋入白醋，拌匀入味，再注入适量的矿泉水，拌匀。

❹将拌好的芹菜转到玻璃罐中，压实，倒入碗中的汁液。

❺盖上盖子，置于阴凉处泡制5天，取出泡制好的芹菜即可。

咸酸味泡芹菜

▌难易度：★☆☆ ▌泡制时间：5天（适温10℃~16℃）

🌶 原料

芹菜300克，胡萝卜条、蒜头各少许

🍲 调料

盐25克，白醋20毫升

制作指导：

芹菜不宜切后再清洗，这样会使营养元素大量流失。

酸辣味泡西芹

| 难易度：★★☆ | 泡制时间：2~3天 （适温6℃~12℃）

🌶 原料

西芹100克，醪糟汁100克，泡椒30克，
朝天椒15克，泡椒水适量

🍲 调料

盐、白醋各适量

🍴 做法

❶把洗净的西芹去除表皮，切小段。

❷把西芹放在碗中，撒上适量的盐。

❸拌至盐溶化，再倒入醪糟汁，拌匀。

❹取一玻璃罐，分次放入洗净的朝天椒和西芹，压紧实。

❺放入泡椒，倒入碗中的醪糟汁、白醋、泡椒水。

❻盖上瓶盖，拧紧，置于阴凉低温处泡制2~3天，取出即可。

制作指导：

西芹的腌渍时间可以短一些，即能保有西芹的鲜脆口感，又能留住西芹含有的维生素A、钙、铁、磷等营养物质。

✖ 做法

❶ 西芹洗净切段；红椒洗净切片。

❷ 西芹盛入碗中，放入红椒、葱白，加入盐、白糖，拌匀。

❸ 加入白酒、白醋和200毫升凉开水，用筷子搅拌均匀。

❹ 将拌好的西芹装入玻璃罐中，倒入泡汁，压紧压实。

❺ 加盖密封，置于阴凉处浸泡约1天，取出即可。

西芹泡菜

┃ 难易度：★☆☆ ┃ 泡制时间：1天（适温16℃~20℃）

🌶 原料

西芹150克，红椒20克，葱白30克

🍲 调料

盐20克，白糖15克，白酒30毫升，白醋15毫升

制作指导：

制作此泡菜要选择鲜嫩的西芹，以保证成品的爽脆。

泡菜心

难易度：★☆☆ | 泡制时间：3天（适温10℃~18℃）

🌶 原料

菜心300克，辣椒圈15克，蒜头10克

🍲 调料

盐30克，白糖20克，白醋、白酒各30毫升

🍴 做法

❶洗净的菜心沥干水分，放入沸水锅中烫煮片刻，捞出。

❷再将菜心置于凉开水中，浸泡片刻，取出，沥干水分。

❸把菜心放碗中，放入蒜头、辣椒圈、盐、白糖、白酒、白醋。

❹倒入矿泉水，拌匀，将拌好的材料放入玻璃罐中，压实。

❺往玻璃罐中倒入碗中剩余的汁液。

❻盖上盖，置于10~18℃的室温下浸泡3天，取出即可。

制作指导：

菜心叶子上常残留一些小虫，洗起来有些麻烦。如果把菜心先放在盐水里浸泡一下再洗，就容易洗净。

❶ 西蓝花洗净，切成小朵。

❷ 锅中倒入1000毫升清水烧开，放入西蓝花拌匀，煮2分钟至七成熟，取出装碗。

❸ 碗中加入洗净的红椒、蒜头、盐、白糖、白醋，拌匀。

❹ 用筷子将拌好的材料盛入坛中。

❺ 盖上盖，淋上清水，密封坛口，置于阴凉处浸泡7天，取出，装好盘即可。

泡西蓝花

■ 难易度：★☆☆　■ 泡制时间：7天（适温6℃～18℃）

🌶 **原料**

西蓝花300克，红椒、蒜头各少许

🍲 **调料**

盐30克，白醋25毫升，白糖10克

制作指导：

将西蓝花的菜秆切成圆片或切成条后腌渍，会使其更入味。

咸酸味泡香菜

难易度：★☆☆ ┃ 泡制时间：4天（适温8℃~15℃）

🌶 **原料**

香菜300克，朝天椒20克

🍲 **调料**

盐40克，白醋35毫升，白糖20克

✖ **做法**

①将洗净的香菜对半切段。

②把切好的香菜放入碗中，放入洗好的朝天椒。

③加入适量盐、白糖、白醋、矿泉水，用筷子拌匀。

④将拌好的香菜放入干净的玻璃罐中。

⑤再将碗中的味汁倒入罐中，压实压紧。

⑥盖上盖子，置于阴凉处浸泡4天，取出即可食用。

制作指导：

将香菜事先放入沸水锅中略焯一会儿，可缩短腌渍的时间。

✖ 做法

❶香菇洗净去蒂。

❷将香菇装入碗中，放入干辣椒，倒入醪糟，加入盐、白糖、白醋，注入100毫升凉开水，拌至入味，淋入白酒，拌匀。

❸将拌好的香菇盛入玻璃罐中，倒入碗中余下的汁液。

❹盖上玻璃罐盖，拧紧，置于阴凉干燥处浸泡7天。

❺将腌好的泡菜取出，摆好盘即可。

泡酸辣香菇

▌难易度：★☆☆ ▌泡制时间：7天（适温6℃~18℃）

🌶 **原料**

香菇300克，醪糟50克，干辣椒6克

🍲 **调料**

白醋40毫升，盐25克，白酒10毫升，白糖8克

制作指导：

泡发香菇时不宜用开水，因为香菇中的氨基酸遇热会大量溶解于水中，破坏香菇的营养。

酸辣味泡木耳

| 难易度：★★☆ | 泡制时间：5天（适温10℃～15℃）

🌶 原料

水发木耳300克，辣椒圈20克，辣椒面7克

🍲 调料

盐、白醋、白糖、食粉各适量

🍴 做法

❶将洗净的木耳去除根部，切成小朵，盛放在盘中，待用。

❷锅中注水烧开，倒入木耳、食粉，拌匀，煮2分钟，捞出。

❸木耳过凉开水，捞出，沥干水后放入洗净的碗中。

❹碗中倒入辣椒圈、辣椒面、盐、白糖、白醋，拌匀入味。

❺注入矿泉水，拌匀；将拌好的木耳放入玻璃罐中，压实。

❻倒入碗中的汁液，盖上盖，置于阴凉处泡制5天，取出即可。

制作指导：

洗净的木耳用米汤浸泡后再烹制，味道会更好。

咸酸味泡木耳

难易度：★★☆ | 泡制时间：5天（适温10℃～15℃）

🌶 原料

水发木耳300克，红椒片、蒜头各少许

🍲 调料

食粉少许、盐25克，白醋20毫升，白糖8克

🍴 做法

❶将洗净的木耳切去根部，再切成小块，入清水中泡一会儿。

❷锅中注水烧开，撒上食粉，放入木耳，拌匀，煮约2分钟。

❸将焯煮好的木耳捞出，过凉开水，沥干后放入碗中。

❹碗中放入红椒片、蒜头、盐、白醋、白糖、矿泉水，拌匀。

❺将拌好的食材转到玻璃罐中，倒入碗中的汁液。

❻盖上盖子，拧紧实，置于阴凉处泡制5天，取出木耳即可。

制作指导：

木耳在泡发时用淡盐水，可更轻松地清除杂质。

❶荷兰豆洗净，装入碗中。

❷加入盐、白糖，再放入洗净的蒜头，倒入白酒、白醋，用筷子充分拌匀。

❸将拌好的材料与剩余汤汁一起装入玻璃罐中。

❹压实压紧,再拧上盖子，密封泡制7天。

泡荷兰豆

 难易度：★☆☆ 泡制时间：7天（适温6℃～15℃）

原料

荷兰豆200克，蒜头15克

调料

盐15克，白糖5克，白酒10毫升，白醋15毫升

制作指导：

选择白皮蒜的蒜头来制作此菜，不仅味道更好，营养也丰富一些。

❺夹出泡好的荷兰豆，装好盘即可。

冰醋四季豆

难易度：★☆☆ | 泡制时间：2天（适温6℃~18℃）

🌶 原料

四季豆200克

🍲 调料

盐15克，白醋15毫升，白糖10克

🍴 做法

❶锅中注入适量清水，大火烧开。

❷倒入处理好的四季豆，煮约2分钟至熟，捞出。

❸将四季豆切成约5厘米长的段。

❹切好的四季豆装入碗中。

❺碗中加入盐、白醋、白糖，搅拌至白糖全部溶化。

❻四季豆装入盘中，盖上保鲜膜，放入冰箱冷藏2天，取出即可。

制作指导：

焯煮四季豆时，水中加入食用油，可减慢四季豆中可溶性营养成分扩散速度，同时也能使四季豆熟后颜色更翠绿。

❶ 洗净的豆角切成段，盛入碗中。

❷ 碗中倒入花椒，放入姜片、蒜片，加入白酒、白醋、盐、白糖，拌匀。

❸ 玻璃罐中盛入豆角，倒入碗中剩余的泡汁，压紧食材。

❹ 盖上盖，拧紧密封，置于阴凉干燥处密封7天。

❺ 将腌好的泡菜取出即可。

咸酸甜豆角

▌难易度：★☆☆　▌泡制时间：7天（适温6℃~17℃）

🌶 原料

豆角150克，姜片10克，蒜片7克，花椒少许

📖 调料

白醋30毫升，盐20克，白酒10毫升，白糖8克

制作指导：

食用泡菜时若感觉咸味较重，可以用少许白糖调味，能减轻咸味。

✖ 做法

❶取一个洗净的玻璃瓶子。

❷将洗净的黄豆倒入瓶中。

❸加入适量白醋。

❹盖上瓶盖，置于干燥阴凉处浸泡1个月，至黄豆颜色发白。

醋泡黄豆

▌难易度：★☆☆　▌泡制时间：30天（适温18℃~20℃）

❺打开瓶盖，将泡好的黄豆取出，装入碟中即可。

🌶 原料
水发黄豆200克

🍲 调料
白醋200毫升

制作指导：

黄豆泡一段时间后会涨大，因此一定要加入足够的醋使其没过黄豆。

醋泡黑豆

| 难易度：★★☆ | 泡制时间：7天（适温6℃～18℃）

🌶 **原料**

黑豆150克

🍲 **调料**

陈醋150毫升

🍴 **做法**

①煎锅置火上，倒入备好的黑豆。

②用中小火翻炒约5分钟，至黑豆涨裂开，待用。

③取一玻璃罐，盛入炒好的黑豆。

④注入适量的陈醋，没过材料。

⑤盖上盖，扣紧，置于阴凉处，浸泡7天。

⑥取出泡好的黑豆，盛放在小碟中即成。

制作指导：

黑豆炒熟后最好放凉了再盛入罐子中，这样容器内壁上就不会产生水分，泡菜的味道也会更好。

醋泡海带结

▌难易度：★☆☆　▌泡制时间：4天（适温7℃～16℃）

 原料

海带结500克，红椒30克

调料

盐4克，白醋适量

做法

① 洗净的海带结装碗；红椒洗净切段。

② 锅中注水烧开，倒入海带结，煮沸，捞出，装入碗中。

③ 碗中放入红椒，加入白醋，倒入矿泉水，加入盐，拌匀。

④ 将海带结转到玻璃罐中，倒入红椒和剩余泡汁。

⑤ 盖上盖，置阴凉处密封4天。

⑥ 取出泡好的海带结即可。

制作指导：

海带结易有杂质，要用清水多洗几次，以除去杂质和多余的盐分。

❶将处理好的板栗倒入碗中。

❷碗中加入备好的盐，倒入白醋。

❸再倒入适量矿泉水，加入洗好的朝天椒圈，搅拌均匀。

❹把拌好的板栗装入干净的玻璃罐中，倒入碗中余下的泡汁。

咸酸味泡板栗

▌难易度：★☆☆ ▌泡制时间：7天（适温8℃~15℃）

 原料

板栗300克，朝天椒圈少许

调料

白醋50毫升，盐25克

制作指导：

剥好的板栗可先用热水浸泡，以防止变色。尾部的绒毛比较多的为新鲜板栗。

❺盖上盖，拧紧，置于阴凉干燥处密封7天，取出即可。

辣味泡菜

酸辣味泡苦瓜

▌难易度：★☆☆ ▌泡制时间：5天（适温9℃～16℃）

🌶 原料

苦瓜300克，干辣椒6克，辣椒面9克，朝天椒15克

🍲 调料

食粉7克，盐、白糖、白醋各适量

🍴 做法

①把洗净的苦瓜对半切开，去除瓜瓤，切条形，再切成丁状。

②锅中倒入水烧开，放入食粉、苦瓜，煮变色，捞出，过凉开水。

③将苦瓜装入碗中，倒入辣椒面、干辣椒、朝天椒。

④加入盐、白糖，淋上白醋，再注入矿泉水，拌匀入味。

⑤将拌好的苦瓜转到玻璃罐中，倒入碗中的汁液。

⑥盖上瓶盖，拧紧，置于阴凉处泡制5天，取出苦瓜即可。

干辣椒泡冬瓜

难易度： ★☆☆　**泡制时间：** 5天（适温18℃~25℃）

原料

冬瓜300克，大葱片30克，干辣椒7克，八角、桂皮各少许

调料

盐30克，白酒15毫升，红糖10克

制作指导：

制作此泡菜时，可将冬瓜切成薄片，这样可以缩短泡制的时间。

做法

❶ 冬瓜去皮洗净，切片，装入碗中。

❷ 加入盐、白酒、八角、桂皮、大葱片、干辣椒，拌匀。

❸ 倒入约200毫升矿泉水，倒入红糖，搅拌均匀。

❹ 将拌好的冬瓜舀入玻璃罐中，再倒入泡汁，盖紧盖，置于室内密封约5天。

❺ 揭开盖，将腌好的泡菜取出即可。

❶白萝卜去皮洗净，切条形。

❷将白萝卜条装入碗中，加入盐、白糖、白酒、拌匀，倒入泡椒，注入200毫升矿泉水，拌匀。

❸取一个干净的玻璃罐，盛入白萝卜，倒入碗中的汁液。

❹盖紧盖，置于阴凉干燥处，浸泡7天。

❺取出腌好的泡菜，摆好盘即可。

山椒泡萝卜

▌难易度：★☆☆　▌泡制时间：7天（适温5℃～16℃）

🌶 原料

白萝卜300克，泡椒50克

🍲 调料

盐30克，白酒15毫升，白糖10克

制作指导：

泡椒先用凉开水泡一会儿，再连同汁水一起放入玻璃罐中，泡制的效果会更好。

白萝卜泡菜

難易度：★☆☆　　泡制时间：1天（适温5℃~18℃）

🌶 原料

白萝卜500克，红椒20克，姜片、蒜末、辣椒粉各少许

🍲 调料

盐30克，白糖10克，辣椒油少许

🍴 做法

①白萝卜去皮洗净，切块；红椒洗净，用刀拍破。

②白萝卜装入碗内，加盐、白糖拌匀。

③放入辣椒粉、姜片、蒜末、红辣椒，拌匀。

④加入辣椒油，搅拌均匀。

⑤加入少许凉开水，拌匀，将白萝卜倒入玻璃罐。

⑥加盖，腌渍24小时，将腌好的白萝卜取出即可。

制作指导：

白萝卜主泻，胡萝卜为补，所以二者最好不要同食。若要一起吃时应加些醋来调和，以利于营养物质的吸收。

泡萝卜干

| 难易度：★☆☆ | 泡制时间：7天（适温8℃~12℃）

🌶 原料

萝卜干300克

🍲 调料

白醋50毫升，盐适量，白酒15毫升，辣椒面10克

🍴 做法

❶萝卜干洗净切段。

❷将萝卜干倒入碗中，撒上盐，加入辣椒面、白酒、白醋。

❸拌至盐分溶化，注入清水，拌匀。

❹取玻璃瓶，盛入萝卜干，再倒入碗中的汁液，压紧压实。

❺盖上瓶盖，盖紧，置于阴凉干燥处泡制约7天。

❻将腌好的泡菜取出即可。

制作指导：

萝卜干是经过盐腌渍再晒干而制成的，所以选用它做泡菜时，不宜加入过多的盐，以免味道太咸。

❶白萝卜洗净去皮，切滚刀块；泡椒切细丝；红椒洗净切圈。

❷白萝卜装入碗中，加入盐拌匀，腌渍约1小时。

❸洗净后倒入蒜末、泡椒、盐、鸡粉、白糖、生抽、陈醋，拌匀。

❹取一个密封罐，放入拌好的食材，倒入料酒、纯净水。

❺盖好盖，置于阴凉干燥处腌渍约2天，取出即可。

风味萝卜

▌难易度：★☆☆ ▌泡制时间：2天（适温7℃~17℃）

🌶 原料

白萝卜270克，泡椒30克，蒜末少许，红椒适量

🍲 调料

盐9克，鸡粉2克，白糖2克，生抽4毫升，陈醋6毫升，料酒少许

制作指导：

切好的白萝卜可以放在阴凉处风干一会儿再腌渍，口感会更脆。

辣味胡萝卜泡菜

| 难易度：★☆☆ | 泡制时间：7天（适温18℃~20℃）

🌶 原料

胡萝卜100克，青椒、红椒、生姜各20克，八角、花椒各少许

🍲 调料

盐10克，白酒10毫升，生抽5毫升

🍴 做法

❶胡萝卜去皮洗净，切块。

❷生姜去皮洗净，切片；青椒、红椒均洗净切片。

❸取碗，放入胡萝卜、盐、白酒、花椒、八角，拌匀。

❹倒入姜片、红椒、青椒、矿泉水，搅拌均匀。

❺将胡萝卜和泡汁一起倒入玻璃罐中，加入生抽，盖紧盖。

❻置于干燥阴凉处密封7天，取出腌好的泡菜即可。

制作指导：

胡萝卜中加入少许生抽调味，食用起来会更加可口。

辣莴笋泡菜

 难易度：★☆☆ | 泡制时间：3天（适温10℃~18℃）

原料

莴笋300克，干辣椒7克

调料

盐20克，红糖10克，白醋10毫升

制作指导：

莴笋皮一定要削干净，以免食用时影响泡菜的口感。

做法

❶将去皮洗净的莴笋切成滚刀块。

❷取一个大碗，将莴笋倒入碗中，加入盐、白醋，再放入干辣椒、红糖，拌匀。

❸将拌好的莴笋装入玻璃罐中。

❹盖上盖，置于干燥阴凉处密封3天。

❺将腌好的泡菜取出即可。

莴笋白菜泡菜

难易度：★★☆　　泡制时间：2天（适温16℃~20℃）

🥘 原料

白菜200克，莴笋200克，胡萝卜150克，干辣椒、花椒各少许

🍲 调料

盐30克，白酒30毫升，红糖20克

🍴 做法

❶胡萝卜、莴笋均去皮洗净，切片；白菜洗净切块。

❷取碗，加入干辣椒、花椒、红糖、盐、矿泉水、白酒。

❸搅拌均匀，制作成泡汁。

❹取一个干净的玻璃罐，放入切好的材料，压紧压实。

❺倒入泡汁，加盖密封，置于阴凉处浸泡约2天。

❻泡菜已经制成，取出即可。

制作指导：

将白菜抹上盐放置一夜再腌渍，口感更爽脆。选购白菜时，拿起来捏捏看，越实说明白菜越老，所以要买蓬松些的。

❶将去皮洗净的莴笋切成菱形薄片。

❷取碗，倒入莴笋片，加入白糖、盐，搅拌均匀，加入白酒、辣椒面拌匀，倒入矿泉水。

❸将拌好的莴笋片和泡汁倒入玻璃罐中。

❹盖紧盖，置于干燥阴凉处密封3天。

❺将腌好的泡菜取出即可。

辣椒莴笋片

难易度：★☆☆ ┃泡制时间：3天（适温20℃~25℃）

原料

莴笋300克

调料

盐20克，白糖、辣椒面各10克，白酒15毫升

制作指导：

莴笋片切薄一些腌渍时更容易入味，食用时更加爽口。

做法

❶冬笋洗净切片。

❷锅中注水烧开，放入冬笋片，煮2分钟，捞出，装入碗中。

❸加入盐、白糖、红糖，搅拌均匀，加入少许干辣椒，拌匀。

❹把冬笋装入玻璃罐中，倒入泡汁，压紧压实，盖上盖，置于阴凉干燥处泡制4天。

❺将腌好的泡菜取出即可。

辣味冬笋泡菜

| 难易度：★☆☆ | 泡制时间：4天（适温6℃~15℃）

🌶 原料
冬笋100克，干辣椒少许

🍲 调料
盐20克，白糖、红糖各8克

制作指导：

冬笋要切成厚薄适中的片，太厚不易入味，太薄口感不够爽脆。

泡蒜薹

| 难易度：★ ☆ ☆ | 泡制时间：7天（适温10℃~16℃）

原料

蒜薹300克

调料

盐20克，白糖20克，辣椒面15克，白酒、白醋各20毫升

做法

❶蒜薹洗净切段。

❷将蒜薹装入碗中，加入盐、白糖、白酒、辣椒面，拌匀。

❸倒入白醋，倒上矿泉水，拌匀。

❹将蒜薹舀入玻璃罐中，倒入碗中剩余的泡汁，压紧实。

❺盖紧盖，置于10~16℃的室温下浸泡7天。

❻蒜薹泡菜制成，取出即可。

制作指导：

蒜薹的梗部若发白并出现老化现象，甚至发糠、腐烂发霉，切勿选购，以免食物中毒。

麻辣韭菜花泡菜

▌难易度：★☆☆　▌泡制时间：3天（适温6℃~15℃）

🌶 **原料**

韭菜花150克，花椒、干辣椒各适量

🍲 **调料**

盐20克，白酒10毫升，生抽5毫升

🍴 **做法**

❶韭菜花洗净切段。

❷将韭菜花装入碗中，加入盐，倒入白酒，搅拌均匀。

❸放入干辣椒、花椒，拌匀，倒入适量矿泉水，拌匀。

❹将韭菜花转入玻璃罐中，倒入泡汁，压紧压实，加入生抽。

❺盖紧盖，置于阴凉干燥处泡制3天。

❻将腌好的泡菜取出即可。

制作指导：

为避免韭菜花上有农药残留，制作前可将其直接浸泡在清水中，放入淀粉拌匀之后浸泡15分钟，捞出之后洗净即可。

山椒泡花生米

| 难易度：★☆☆ | 泡制时间：7天（适温6℃～12℃）

原料

水发花生米100克，泡椒40克，红椒20克

调料

盐20克，白糖8克

制作指导：

花生米放入沸水锅中煮熟时不能放入食用油，否则泡制的花生米容易变质。

做法

❶将洗净的红椒去蒂切丁。

❷锅中注水烧沸，加入少许盐，倒入花生米，煮约10分钟至熟，捞出沥干水分。

❸花生米装碗，加入红椒丁、泡椒、盐、白糖、矿泉水，拌匀。

❹取一个干净的玻璃罐，盛入食材，倒入剩余的泡汁，压紧。

❺盖上盖，扣紧，置于阴凉干燥处泡制7天即可。

❌ 做法

❶白菜洗净切条；红椒洗净切丝。

❷把白菜放入碗中，放入红椒丝、葱末、干辣椒、辣椒粉。

❸淋入少许白醋，撒上盐，倒入适量凉开水，拌匀。

❹取玻璃瓶，放入白菜，压紧压实，倒入碗中剩余的泡汁，淋上白酒。

❺盖上瓶盖，扣严实，置于阴凉干燥处泡制4天，取出即可。

香辣白菜条

┃难易度：★☆☆ ┃泡制时间：4天（适温10℃~16℃）

🌶 原料

白菜200克，红椒20克，干辣椒、葱末各少许

🍲 调料

白醋50毫升，盐20克，白酒15毫升，辣椒粉少许

制作指导：

将白菜梗用粗盐腌渍一会儿，使其变软，再与菜叶一起制成泡菜，可以缩短泡制时间。

泡辣白菜

| 难易度：★★☆ | 泡制时间：7天（适温10℃～16℃）

🌶 原料

白菜150克，白萝卜80克，雪梨70克，苹果50克，干辣椒6克，葱末5克

🍲 调料

白醋50毫升，盐25克，白酒15毫升，白糖10克，辣椒粉5克

🍴 做法

  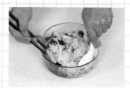 

❶白菜洗净切块；雪梨、苹果、白萝卜均洗净，切薄片。

❷白菜加盐、白糖、白酒、白醋、辣椒粉、葱末、干辣椒、矿泉水。

❸倒入雪梨、白萝卜、苹果，拌匀。

❹盛入玻璃瓶中，压实，倒入剩余泡汁。

❺盖上瓶盖，扣紧，泡制7天。

❻打开盖子，取出腌好的泡菜即可。

制作指导：

白酒味重，醪糟味淡，泡制时可以根据个人的口味来选择。

✖ 做法

❶白菜洗净切块，装入碗中。

❷放入盐、白糖拌匀，淋入白醋、白酒，拌匀，再倒入姜末、蒜末、葱末，撒上辣椒粉，拌至入味，注入300毫升矿泉水，拌匀。

❸将白菜放入玻璃罐中，再倒入剩余泡汁，压实。

❹盖上罐子盖，拧紧，置于阴凉干燥处泡制7天。

❺取出泡菜即可。

蒜味辣泡菜

▌难易度：★☆☆　　▌泡制时间：7天（适温10℃~16℃）

🌶 原料

白菜100克，葱末、姜末、蒜末各少许

🍲 调料

白醋30毫升，盐20克，白酒10毫升，白糖8克，辣椒粉少许

制作指导：

泡制白菜时最好选用山泉水，这样能够保持白菜的脆嫩口感。

大芥菜泡菜

难易度：★★☆ | 泡制时间：2天（适合温度18℃~20℃）

🌶 原料

大芥菜500克，红椒20克

🍲 调料

豆瓣酱30克，生抽15毫升，盐7克

🍴 做法

❶将洗净的大芥菜切长段；洗好的红椒去蒂，切长段。

❷切好的芥菜盛入盆中，加适量盐，用手抓匀，腌渍约1小时。

❸将腌渍好的芥菜盛入隔纱布中，收紧，挤去多余水分。

❹把大芥菜装入碗中，放入红椒、豆瓣酱、生抽，拌匀。

❺将拌好的材料盛入玻璃罐中，压紧实，盖上盖，密封2天。

❻将腌好的泡菜取出即可。

制作指导：

制作此泡菜，应尽量将腌渍过的大芥菜的水分挤去，以免水分太多而导致泡菜变白腐烂。

✖ 做法

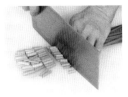

❶韭菜花洗净切段；
花菜洗净切瓣；红椒
去蒂洗净，切圈。

❷锅中注水烧开，倒
入花菜，捞出，沥干
水分。

❸花菜装碗，加盐、红
椒圈、白酒、韭菜花、
矿泉水、大蒜，拌匀。

❹把材料放入玻璃罐
中，再倒入泡汁，压紧
压实，盖上盖，置于阴
凉干燥处泡制3天。

❺将腌好的泡菜取出
即可。

泡鲜蔬四味

▌难易度：★★☆　▌泡制时间：3天（适温6℃~15℃）

🌶 原料

韭菜花150克，花菜100克，红椒30
克，大蒜20克

🍲 调料

盐25克，白酒10毫升

制作指导：

花菜入锅焯煮的时间不
宜过久，否则泡制的花
菜口感会不够爽脆，且
容易腐烂。

花菜泡菜

难易度：★☆☆　　泡制时间：4天（适温6℃～15℃）

原料
花菜500克，干辣椒少许

调料
盐20克，白酒15毫升，白糖10克，辣椒酱15克

做法

❶花菜用清水洗净，切成小朵。

❷把花菜倒入碗中，加入适量温开水，浸泡10分钟。

❸滤掉碗中的水后放入干辣椒、辣椒酱，加入盐、白糖、白酒。

❹将花菜和配料搅拌均匀，倒入矿泉水，用筷子搅拌均匀。

❺把花菜和泡汁装入罐中，盖紧盖，置于阴凉干燥处密封4天。

❻将腌好的泡菜取出即可。

制作指导：

如果觉得泡菜的味道太咸，泡好后可以适当加点糖。

麻辣泡芹菜

| 难易度：★☆☆ | 泡制时间：3天（适温6℃~15℃）

🌶 **原料**

芹菜150克，红椒30克，花椒适量

🍲 **调料**

米醋30毫升，盐20克，白糖8克

🍴 **做法**

❶芹菜洗净切丁；红椒洗净切丁。

❷芹菜装碗，加入盐，放入红椒丁、花椒，搅拌均匀。

❸加入白糖、米醋，拌匀，倒入适量矿泉水，搅拌匀。

❹把芹菜转入玻璃罐中，再倒入泡汁，压紧压实。

❺盖紧盖，置于阴凉干燥处泡制3天。

❻将腌好的泡菜取出即可。

制作指导：

将芹菜装入玻璃罐前，一定要充分搅拌均匀，使调料完全溶化。

❶柠檬洗净切片，挤出柠檬汁；红椒洗净，去蒂去籽，切粒。

❷将红椒粒装入碗中，倒入柠檬汁，放入豆豉，撒上盐，拌匀，再倒入白糖，拌至白糖溶化。

❸将拌好的食材盛入玻璃罐，倒入碗中的汁液。

豆豉剁辣椒

▌难易度：★☆☆ ▌泡制时间：7天（适温6℃~18℃）

🌶 原料

红椒100克，豆豉20克，柠檬1个

🍲 调料

盐20克，白糖8克

制作指导：

制作柠檬汁时，可以洗净后直接用榨汁机榨出汁水，这样更方便。

❹盖紧盖，放在避光阴凉处泡制7天。

❺取出已经泡好的食材即可。

❶ 洗净的红椒去蒂，切小块；姜片切菱形小块；去皮大蒜切碎。

❷ 干净的大碗中放入白酒、矿泉水、白糖、盐，拌匀。

❸ 切好的姜片、大蒜装碗，倒入红椒块，搅拌至入味。

❹ 将拌好的材料盛入玻璃罐中，淋入碗中余下的汁液。

❺ 盖上盖，放在阴凉干燥处浸泡7天即可。

❌ 做法

酒香辣椒

▌难易度：★☆☆　▌泡制时间：7天（适温8℃～17℃）

🌶 **原料**

红椒150克，大蒜20克，姜片15克

🍲 **调料**

盐25克，白酒15毫升，白糖10克

制作指导：

将洗净的红椒切开后可以不用去籽，这样泡出来的味道更纯正。

绝味泡双椒

难易度：★☆☆ ┃ 泡制时间：7天（适温10℃～16℃）

原料

红椒、青椒各100克，洋葱60克，蒜头20克

调料

盐20克，糖15克，白酒15毫升，白醋10毫升

做法

❶将洗好的红椒、青椒切成长段；去皮洗净的洋葱切成片。

❷把青椒、红椒放入容器中，加入盐、白糖拌匀。

❸再放入洋葱、蒜头、白醋、白酒、矿泉水，拌匀。

❹将拌好的材料装入玻璃罐中。

❺盖上盖子，拧紧，置于阴凉处浸泡7天。

❻泡菜制成，取出食用即可。

制作指导：

洋葱的香辣味对眼睛有刺激作用，患有眼疾、眼部充血时，不宜切洋葱。

泡酸辣四季豆

难易度：★☆☆　　**泡制时间：**7天（适温6℃～16℃）

🌶 原料

四季豆200克，红椒20克，干辣椒5克

🍲 调料

盐20克，白酒、白醋各10毫升，白糖10克

🍴 做法

❶四季豆洗净切段；红椒洗净切丁。

❷将四季豆段装入碗中，注入开水，焯烫熟，沥干水分。

❸加入盐、干辣椒、红椒丁、白酒、白醋、白糖、矿泉水，拌匀。

❹取玻璃瓶，盛入拌好的食材，倒入碗中余下的汁液，压紧。

❺盖上瓶盖，拧严实，置于阴凉干燥处泡制7天。

❻取出泡菜，摆好盘即可。

制作指导：

四季豆最好不要放入锅中焯煮，因为这样会使泡制好的四季豆口感偏绵软，不鲜脆。

豆角泡菜

▌难易度：★☆☆ ▌泡制时间：5天（13℃~20℃）

🌶 原料

豆角200克，花椒10克，干辣椒6克

🍲 调料

白酒、盐各适量

🍴 做法

❶豆角洗净切段。

❷沸水锅中放入花椒、盐，煮2分钟，盛出花椒水，加入矿泉水拌匀。

❸取玻璃罐，放入干辣椒，倒入豆角段、白酒。

❹加入花椒水，再加入适量盐。

❺加盖密封，于阴凉通风处放置4~5天。

❻揭开盖，将泡好的豆角段取出即可。

制作指导：

豆角放入沸水中快速焯一遍，在颜色稍变时捞出，之后用清水冲洗一遍，再用于制作泡菜可缩短腌渍的时间。

❶ 豆角洗净切段。

❷ 将豆角段装入碗中，加入盐、白酒、红椒片、蒜片、姜丝、干辣椒，拌匀，注入100毫升矿泉水，再倒入白醋，拌匀。

❸ 取玻璃罐，盛入拌好的豆角段，倒入碗中的汁液，压紧实。

❹ 盖上盖子，拧紧，置于阴凉干燥处泡制约7天。

❺ 将腌好的泡菜取出即可。

辣味豆角泡菜

▋难易度：★☆☆ ▋泡制时间：7天（适温10℃～15℃）

🌶 原料

豆角100克，红椒片20克，蒜片、姜丝各10克，干辣椒7克

🍲 调料

白醋30毫升，盐20克，白酒10毫升

制作指导：

在清洗豆角时，要去除果蒂，而且还要去除干枯、有虫眼的部分，以免成品口感偏苦。

辣泡豆角

难易度：★ ☆ ☆ ┃ 泡制时间：5天（适温8℃~16℃）

🌶 原料

豆角300克，干辣椒5克，辣椒圈8克，蒜头15克

🍲 调料

盐、白糖、白醋各适量，白酒5毫升，辣椒面6克

🍴 做法

❶豆角洗净切段，装入碗中。

❷放入盐、白糖，倒入辣椒圈、蒜头，再淋上白醋，拌匀。

❸淋入白酒，拌匀，再倒入辣椒面、干辣椒，拌匀至入味。

❹将拌好的食材装入玻璃罐中，再倒入碗中剩余汁液，压实。

❺盖上玻璃罐盖，拧紧，置于避光阴凉处泡制5天。

❻泡好后取出即可。

制作指导：

在玻璃罐中放入少许芸豆叶，可防止罐里面生虫子。

✕ 做法

❶豆角洗净切段。

❷将豆角段装入碗中，加入盐、白糖、洗净的花椒、泡椒、姜末、蒜末、矿泉水、白酒，拌匀。

❸取玻璃瓶，盛入拌好的食材，倒入碗中汁液。

❹盖上瓶盖，拧紧，置于阴凉干燥处浸泡约7天。

❺取出泡制好的豆角即可。

麻辣豆角泡菜

▍难易度：★☆☆　　▍泡制时间：7天（适温10℃～15℃）

🌶 原料

豆角300克，泡椒10克，蒜末5克，姜末、花椒各少许

🍲 调料

盐30克，白酒15毫升，白糖10克

制作指导：

盖上瓶盖前，倒入一层制作泡椒的泡椒汁液，会使制成的泡菜味道更爽口。

泡菜小毛豆

难易度：★★☆ | 泡制时间：7天（适温5℃~18℃）

原料

毛豆250克，干辣椒少许

调料

盐30克，白糖10克，陈醋30毫升，白醋30毫升，白酒10毫升，生抽5毫升

做法

❶锅中注水烧开，加入盐、干辣椒、毛豆，煮熟捞出。

❷碗中加入盐、白糖、陈醋、白醋、白酒、生抽、温开水。

❸拌匀成泡汁，把煮好的毛豆倒入泡汁中，拌匀。

❹取玻璃罐，将拌好的材料连汤汁一起装入玻璃罐中。

❺盖上盖拧紧，置于阴凉干燥处腌渍7天。

❻取出泡好的毛豆，摆盘即可。

制作指导：

毛豆的表皮较硬，焯煮的时间可以适当延长一些，这样泡制时才更容易入味。

泡红椒豌豆

难易度：★☆☆ | 泡制时间：7天（适温7℃～19℃）

🌶 原料

豌豆200克，红椒30克，干辣椒、花椒各少许

🍲 调料

白醋40毫升，盐25克，白酒、白糖、小苏打各少许

🍴 做法

①红椒洗净，去蒂，切丁。

②锅中注水烧开，放入小苏打、豌豆，煮熟后捞出，盛入碗中。

③碗中加盐、干辣椒、花椒、红椒、白糖、白醋、白酒、矿泉水。

④搅拌均匀，盛入玻璃罐中，倒入碗中的汁液。

⑤盖紧盖，置于阴凉干燥处，浸泡7天。

⑥取出已经腌好的泡菜即可。

制作指导：

豌豆生食容易造成腹泻，所以泡制豌豆前最好将其煮熟。若一次购买了过多的豌豆，可将剩余部分放入冰箱冷藏。

泡绿豆芽

难易度：★☆☆ **泡制时间：4天（适温5℃~16℃）**

原料

绿豆芽300克，朝天椒45克

调料

盐20克，白糖9克，辣椒面7克，白醋25毫升，白酒20毫升

制作指导：

绿豆芽性寒，烹调时可配上一点姜丝，中和它的寒性。

做法

❶将洗好的绿豆芽装入大碗中，加入盐、白糖、白酒。

❷放入洗净的朝天椒，再倒入辣椒面，抓匀。

❸淋入白醋，再抓匀调味。

❹将调好味的绿豆芽放入干净的玻璃罐中，再将碗中的味汁倒入罐中。

❺倒入矿泉水，加盖密封，置于阴凉处，泡制4天，取出即可。

黄豆芽泡菜

难易度：★☆☆ | **泡制时间：1天（适温16℃～18℃）**

🌶 原料

黄豆芽100克，大蒜25克，韭菜50克，葱条15克，朝天椒15克

🍲 调料

盐、白醋各适量，白酒50毫升

🍴 做法

① 葱条洗净，切成小段；朝天椒洗净，用刀背拍破。

② 韭菜洗净，切段；大蒜洗净，拍破。

③ 豆芽装入碗中，加入盐拌匀，再用清水洗干净。

④ 玻璃罐中倒入白酒，加温水，再加入盐、白醋，拌匀。

⑤ 放入朝天椒、大蒜，倒入黄豆芽，再放入韭菜、葱段。

⑥ 加盖密封，室温下泡制1天，用干净的筷子夹入盘内即可。

制作指导：

材料在装入玻璃罐后应注意检查是否密封好，以免变质。

酸辣味泡板栗

■ 难易度：★☆☆　■ 泡制时间：7天（适温6℃~12℃）

原料

板栗200克，干辣椒4克

调料

盐20克，白酒15毫升，白糖10克，辣椒面4克

做法

❶将处理好的板栗倒入碗中，放入洗好的干辣椒。

❷撒入辣椒面，加入盐、白糖。

❸再淋入适量白酒，拌匀，倒入适量热水，搅拌均匀。

❹将拌好的板栗转入干净的玻璃罐中，倒入碗中余下的泡汁。

❺盖上盖，拧紧，置于阴凉干燥处密封约7天。

❻将腌好的板栗取出即可。

制作指导：

将洗好的板栗放入容器内，加入盐，用煮沸的开水浸泡5分钟，再用刀将板栗切开，板栗皮和壳就可以一起脱落了。

① 茄子洗净去皮，切小块，浸水备用；韭菜、葱均洗净切段。

② 将茄子沥干水分，装入碗中，加入盐、白糖拌匀，放入蒜头、辣椒面拌匀，再放入韭菜、葱拌匀。

③ 加入白醋，再倒入400毫升矿泉水，搅拌均匀，装入泡菜罐。

④ 拧紧盖，腌渍5天。

⑤ 取碟子和泡菜罐，将泡菜夹入小碟子中即可。

开胃茄子泡菜

难易度：★★☆　｜泡制时间：5天（适温8℃~16℃）

🌶 **原料**

茄子300克，韭菜80克，蒜头30克，葱10克

🍲 **调料**

盐25克，白糖15克，白醋10毫升，辣椒面6克

制作指导：

茄子切开后应放于盐水中浸泡，使其不被氧化，保持茄子的本色。

辣味茄子泡菜

难易度：★☆☆ | **泡制时间：5天（适温18℃～20℃）**

原料

茄子200克，醪糟35克，干辣椒1克，桂皮、香叶、八角各少许

调料

盐10克，红糖7克

做法

❶茄子洗净去皮，切滚刀块。

❷茄子中加入红糖、醪糟、桂皮、香叶、八角、干辣椒、盐。

❸倒入600毫升矿泉水，拌匀，使盐完全溶化。

❹将拌好的材料盛入玻璃罐中，用竹笪将茄子压在泡汁中。

❺盖紧盖子，置于室内密封5天。

❻泡菜制成后，揭开盖，取出泡菜，装入盘中即可。

制作指导：

泡制茄子的时间可以根据泡制茄子时的温度来做相应的变动，若温度较低，可延长一至两天。

辣泡苤蓝

■ 难易度：★☆☆ ■ 泡制时间：7天（适温10℃~16℃）

 原料

苤蓝300克，朝天椒圈20克

调料

盐35克，白糖10克，白醋30毫升

做法

❶苤蓝洗净去皮，切成丝。

❷苤蓝丝放入碗中，加入盐、白糖、朝天椒圈，拌匀。

❸淋入白醋，再注入矿泉水，拌约1分钟至食材变软。

❹将拌好的苤蓝丝放入玻璃罐中，再倒入碗中的汁液，压实。

❺盖紧盖，置于阴凉低温处泡制7天。

❻泡好后盛出即可。

制作指导：

苤蓝用斜切的刀法切成片，腌渍后会更入味，制成的泡菜口味会更好。

❶苤蓝洗净去皮，切丝，放入沸水中焯烫2分钟，捞出，沥干水分，装入碗中。

❷加入盐、红糖、醪糟、干辣椒、八角、桂皮，拌匀，加入矿泉水，拌匀。

❸将拌好的苤蓝丝连同泡汁一起盛入玻璃罐中，压紧压实。

❹加盖密封，置于阴凉处泡制3天。

辣味苤蓝泡菜

▌难易度：★★☆ ▌泡制时间：3天（适温16℃~20℃）

🌶 原料

苤蓝300克，干辣椒2克，八角、桂皮各1克，醪糟40克

🍲 调料

盐20克，红糖5克

制作指导：

焯烫苤蓝的时间不能过长，否则会影响苤蓝的爽脆度。

❺泡菜制成，取出装盘即可。

泡老姜

| 难易度：★☆☆ | 泡制时间：10天（18℃~25℃）

 原料

老姜150克，红椒圈10克

调料

盐25克，白醋20毫升，白糖10克

做法

❶将洗净去皮的老姜切成薄片。

❷把切好的姜片装入碗中，加盐、白糖，用筷子搅拌均匀。

❸倒入红椒圈，淋上白醋，再倒上约150毫升矿泉水，拌匀。

❹将红椒圈夹入玻璃罐中垫底，放入姜片和剩余的泡汁。

❺盖上盖，用力压紧瓶盖，置于18~25℃的环境下浸泡10天。

❻待老姜浸泡入味，取出即可食用。

制作指导：

制作此菜时，加入少许白酒拌匀，会使姜的味道鲜辣可口。

姜蒜泡椒

难易度：★★☆ | 泡制时间：7天（适温5℃~14℃）

原料

红椒200克，姜片30克，蒜头25克，香叶、八角、桂皮、干沙姜、花椒各少许

调料

盐25克，白酒15毫升，白糖10克

做法

❶红椒洗净，斜切成小段。

❷红椒段装入碗中，加入盐、白糖、蒜头、姜片、白酒，拌匀。

❸下入香叶、八角、桂皮、干沙姜、花椒，注入矿泉水，拌匀。

❹取玻璃罐，盛入拌好的食材，倒入碗中的汁液。

❺盖上盖，拧紧，放在阴凉干燥处，浸泡约7天。

❻将腌好的泡菜取出，摆好盘即可。

制作指导：

此菜取出后若味道太咸，可加入少量白糖拌匀，再密封一天，能够减轻菜品的咸味。

泡凤爪

▎难易度：★★☆ ▎泡制时间：7天（适温20℃～25℃）

🌶 原料

鸡爪200克，泡椒汁100毫升，朝天椒10克，蒜头15克，香叶、桂皮、八角、花椒各适量

🍲 调料

盐20克，白醋25毫升，白酒20毫升，生抽适量

🍴 做法

❶朝天椒、蒜头均洗净拍扁。

❷沸水中放入香叶、桂皮、八角、花椒、盐、生抽、鸡爪，煮熟捞出。

❸鸡爪斩去趾甲，对半切开。

❹罐中加入部分朝天椒和蒜头、泡椒汁、白醋、矿泉水、白酒、盐。

❺放入鸡爪、剩余蒜头和朝天椒，盖紧盖，置于阴凉处密封7天。

❻揭开盖，取出泡好的凤爪即可。

制作指导：

香料最好选用棉布袋包好后再入锅，这样可以减少锅中的残渣。

麻辣泡凤爪

▍难易度：★★☆ ▍泡制时间：7天（适温8℃～12℃）

原料

鸡爪500克，泡椒30克，朝天椒20克，花椒3克

调料

白酒10毫升，盐、花椒油、白醋、白糖、辣椒油各适量

制作指导：

将花椒切细后拌入碗中，可使腌渍好的菜品味道更好。

①锅中倒水烧热，放入洗净的鸡爪，煮约5分钟至断生。

②加入盐和白酒，再煮5分钟，取出待凉，剁去爪尖，对半切开。

③把鸡爪放入碗中，倒入泡椒、朝天椒、花椒、花椒油、辣椒油。

④放入盐、白糖、白醋和少许矿泉水，拌约1分钟至白糖溶化。

⑤取玻璃罐，倒入拌好的食材，盖上瓶盖，泡制7天即成。

✖ 做法

❶锅中注水烧开，放入葱结、姜片、料酒、鸡爪，煮10分钟，捞出放凉。

❷把鸡爪割开，剥取鸡爪肉，剁去爪尖。

❸把泡小米椒、朝天椒放入泡椒水中，放入鸡爪，使其完全浸入水中。

❹封上一层保鲜膜，静置3小时。

❺撕开保鲜膜，将鸡爪、朝天椒与泡小米椒装盘即可。

无骨泡椒凤爪

▌难易度：★★☆ ▌泡制时间：3小时（适温8℃~18℃）

🌶 原料

鸡爪230克，朝天椒15克，泡小米椒50克，泡椒水300毫升，姜片、葱结各适量

🍲 调料

料酒30毫升

制作指导：

煮好的鸡爪可以过几次凉开水，这样吃起来更爽口。

麻辣味泡鸡胗

┃ 难易度：★ ☆ ☆ ┃ 泡制时间：4天（适温15℃～18℃）

🌶 原料

熟鸡胗80克，花椒、干辣椒各少许

🍲 调料

盐20克，味精6克

🍴 做法

❶熟鸡胗切成片，装入碗中，备用。

❷锅中加入清水，放入花椒、干辣椒，加入盐、味精，拌匀。

❸将锅中配料煮2分钟，制成泡汁。

❹将煮好的泡汁淋在鸡胗上。

❺把鸡胗转入玻璃罐中，并将剩余的泡汁倒入玻璃罐中。

❻盖上瓶盖，拧紧，置于阴凉干燥处密封4天，取出鸡胗即可。

制作指导：

腌渍用的玻璃罐忌沾油，因为腌菜沾油后容易变质。

🍴 做法

❶熟鸡胗切成片，装入碗中。

❷把泡椒倒入碗中，搅拌均匀，加入白酒，放入备好的盐，用筷子拌匀至盐完全溶化，将适量矿泉水倒入碗中，搅拌匀。

❸把拌好的食材和汁液装入玻璃罐中。

❹盖紧盖，置于阴凉干燥处密封7天。

❺将腌好的鸡胗取出即可。

野山椒味泡鸡胗

▌难易度：★☆☆ ▌泡制时间：7天（适温6℃~15℃）

🌶 原料

熟鸡胗80克，泡椒20克

🍲 调料

盐20克，白酒10毫升

制作指导：

泡椒若没有去除蒂，可以用干净的针在泡椒上扎一些小洞，这样有利于白酒充分进入泡椒里。

泡鱼辣子

难易度：★★☆ | 泡制时间：10天（适温10℃~15℃）

原料

火焙鱼100克，辣椒圈20克

调料

生抽15毫升，白糖7克，白酒5毫升，辣椒油、芝麻油、食用油各适量

做法

❶碗中倒入洗好的火焙鱼，放入辣椒圈。

❷再放入白糖、生抽，拌匀。

❸放入辣椒油、热油、白酒、芝麻油，拌匀。

❹取玻璃罐，夹入火焙鱼，压紧实，倒入碗中的泡汁。

❺盖上盖子，拧紧实，置于阴凉处泡制10天。

❻取出泡制好的火焙鱼，摆盘即可。

制作指导：

熟油的成熟度要掌控适当，最好使用六成熟的油，这样能使鱼的味道更香。

甜味泡菜

泡红糖蒜

难易度：★☆☆ | 泡制时间：40天（适温8℃～15℃）

🌶 原料

红皮蒜200克，红椒圈20克

🍲 调料

盐30克，生抽30毫升，红糖30克，白酒20毫升

🍴 做法

❶将去掉外衣的红皮蒜放入水中浸泡4天，去除辣味，滤出。

❷红皮蒜放入玻璃罐中，加入红椒。

❸锅中注水烧开，加入盐、生抽、红糖，拌匀煮化成泡汁。

❹将泡汁盛入碗中，加入白酒，放凉。

❺将调好的泡汁倒入玻璃罐中。

❻盖上盖，密封，置于阴凉干燥处，浸泡40天，取出即可。

106　下厨必备的泡菜制作分步图解

糖醋蒜瓣

| 难易度：★☆☆ | 泡制时间：30天（适温6℃~18℃）

原料

大蒜瓣150克，朝天椒10克

调料

盐20克，白酒15毫升，白醋8毫升，白糖8克

制作指导：

制作此泡菜时，大蒜浸泡过程中最好避免阳光直射，以免使大蒜的味道变涩。

✗ 做法

❶取一个干净的大碗，加入盐、白糖，淋入白醋。

❷倒入适量凉开水，拌匀至白糖溶化，淋入白酒。

❸再倒入洗净的朝天椒、大蒜瓣，拌匀。

❹将拌好的食材盛入玻璃罐中，再倒入碗中的汁液。

❺盖好盖，置于阴凉干燥处，浸泡约30天，取出即可。

🍴 **做法**

❶大蒜去皮，切去尾部，装入碗中，再加入盐，搅拌均匀。

❷碗中加入白酒，倒入红椒片，拌匀。

❸加入白糖，拌匀。

❹倒入矿泉水，以没过大蒜为宜，然后搅拌均匀。

❺将大蒜和泡汁一起转入玻璃罐中，盖上盖，密封泡制7天即可。

泡腊八蒜

▎难易度：★☆☆ ▎泡制时间：7天（适温8℃～20℃）

🌶 **原料**

大蒜50克，红椒片少许

🍲 **调料**

盐10克，白酒10毫升，白糖8克

制作指导：

选购大蒜时，应购买那些看起来圆圆胖胖的，表皮没有破损的大蒜。

泡西红柿

难易度：★☆☆ | 泡制时间：3天（适温8℃~18℃）

原料

西红柿200克，花椒6克

调料

盐20克，白糖15克，白酒12毫升，白醋20毫升

做法

①洗净的西红柿放入装有开水的碗中，浇上开水。

②用筷子在西红柿的顶部插上几个孔，再放入玻璃罐中。

③将沸水舀入另一碗中，倒入矿泉水，待水温降至60℃左右。

④把盐、白糖、洗净的花椒、白酒、白醋放入碗中，拌匀。

⑤玻璃罐中倒入碗中拌好的味汁。

⑥将盖扣紧实，用力拧紧，密封3天即可。

制作指导：

应挑选富有光泽、色彩红艳的西红柿，不要购买着色不匀、花脸的西红柿。有蒂的西红柿较新鲜，蒂部呈绿色的更好。

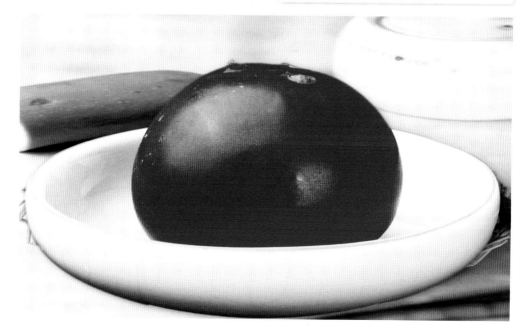

✖ 做法

❶洗净的藠头放入容器中，加入盐，翻转至盐分溶化。

❷藠头装碗，放于阴凉处，静置24小时，倒入清水洗净，捞出。

❸将藠头放入玻璃罐中，加入朝天椒。

❹取矿泉水，加白糖、盐、白醋，拌成味汁后舀入罐中。

❺盖紧盖，置于阴凉处密封10天，取出装盘即成。

甜藠头

▌难易度：★☆☆　▌泡制时间：10天（适温7℃～15℃）

🌶 原料

藠头300克，朝天椒15克

🍲 调料

盐20克，白糖30克，白醋20毫升

制作指导：

腌渍此泡菜时也可以加入少许醋一起拌匀。

速食泡黄瓜

| 难易度：★ ☆ ☆ | 泡制时间：3～4小时（适温10℃～15℃）

原料
黄瓜300克，红辣椒丝、姜丝各少许

调料
盐15克，白糖20克，白醋15毫升

做法

①将洗净的黄瓜切成条状。

②把黄瓜条装入碗中，加入盐，拌匀，腌渍15分钟，洗净。

③取一碗，放入矿泉水、白醋、白糖、红椒丝、姜丝，拌匀成泡汁。

④将黄瓜条装入干净的玻璃罐中。

⑤倒入泡汁、姜丝、红椒丝，加盖，密封3～4小时。

⑥揭开盖子，用筷子将泡好的黄瓜条夹入盘中即可。

制作指导：

泡黄瓜最好两天之内吃完，不然黄瓜容易发黄。泡黄瓜的汁还可以再利用一次，用同样的方法再泡制第二次即可。

🍴 做法

① 黄瓜洗净去瓤，用斜刀切厚片。

② 将黄瓜片装入碗中，加入盐，拌匀，再倒入适量清水，拌匀，洗去盐分。

③ 沥干水分后放入另一干净的碗中，加入白糖、醪糟，拌匀。

④ 把拌好的黄瓜片舀入玻璃罐中，压实后倒入碗中液汁。

⑤ 盖上盖，拧紧，置于阴凉处泡制4天，取出摆盘即可。

酒酿黄瓜

▌难易度：★★☆ ▌泡制时间：4天（适温9℃～15℃）

🌶 **原料**

黄瓜300克，醪糟100克

🍲 **调料**

盐、白糖各适量

制作指导：

黄瓜的尾部含有抗癌成分——苦味素，尽量不要丢弃。

泡糖醋胡萝卜

▎难易度：★☆☆　▎泡制时间：4天（适温8℃～15℃）

🌶 原料

胡萝卜400克

🍲 调料

盐5克，白糖3克，白醋适量

🍴 做法

❶去皮洗净的胡萝卜切段，装入碗中。

❷碗中加入适量盐，抓匀。

❸加入清水，抓匀，腌渍1小时，洗净，装入另一干净的碗中。

❹加入白糖、白醋、矿泉水，拌匀，把胡萝卜装入玻璃罐中，

❺倒入剩余的泡汁，盖紧盖，置于阴凉干燥处密封4天。

❻揭开盖，取出装碗即可。

> **制作指导：**
>
> 泡制胡萝卜时不宜加太多白醋，以免损失胡萝卜素。

泡糖醋萝卜

| 难易度：★☆☆ | 泡制时间：7天（适温5℃～15℃）

🌶 原料

白萝卜300克，红椒圈15克，辣椒面7克

🍲 调料

白醋45毫升，盐30克，白糖10克

🍴 做法

❶去皮洗净的白萝卜对半切开，用斜刀切段，再切成薄片。

❷将白萝卜放入碗中，放入盐、凉开水，拌匀捞出。

❸萝卜片装碗，加白糖、白醋、辣椒面、红椒圈、矿泉水。

❹拌约1分钟至白糖完全溶化。

❺取一玻璃罐，盛入萝卜片、余下的汁液，压紧食材。

❻盖上瓶盖，放在阴凉干燥处，浸泡7天，取出即成。

制作指导：

白萝卜用盐腌渍后不宜用温水清洗，因为温水会使白萝卜的营养流失。

❶将去皮洗净的白萝卜切厚块，切条，再切成块。

❷将白萝卜盛入碗中，加盐、白糖，用筷子拌匀。

❸倒入泡好的黄豆，加入甜面酱、矿泉水、白酒拌匀。

❹将拌好的材料盛入玻璃罐中，倒入碗中剩余的泡汁。

❺盖上盖，再置于16～20℃的室内密封7天即可。

豆香萝卜

难易度：★☆☆ 泡制时间：7天（适温6℃～20℃）

原料

白萝卜150克，水发黄豆100克

调料

盐20克，白糖10克，白酒15毫升，甜面酱30克

制作指导：

制作此泡菜，萝卜块的大小要适中，小了不够爽脆，太大不易入味。

泡凉薯

‖ 难易度：★ ☆ ☆ ‖ 泡制时间：5天（适温5℃～20℃）

🌶 **原料**

凉薯300克，朝天椒20克

🍲 **调料**

盐20克，白醋20毫升

🍴 **做法**

①将凉薯去皮洗净，再切条状。

②将凉薯放碗中，放入朝天椒。

③加入适量盐，再加入适量白醋。

④倒入300毫升矿泉水，拌匀。

⑤将材料盛入玻璃罐中，加盖密封，置于阴凉处浸泡5天。

⑥泡菜制成，取出食用即可。

制作指导：

应选用块根熟透的凉薯，因为它的淀粉含量较高，口感也更为清爽。

甜橙味泡莲藕片

┃ 难易度：★☆☆ ┃ 泡制时间：6天（适温5℃～18℃）

🌶️ 原料

莲藕100克，橙汁100毫升

🍲 调料

盐、白糖各适量

🍴 做法

❶将去皮洗净的莲藕切片。

❷莲藕浸入水中泡一小会儿，捞出，沥干水分后放入碗中。

❸碗中加入盐、白糖、橙汁、矿泉水，拌至白糖溶化。

❹将拌好的藕片放入玻璃罐中，压实，倒入碗中的汁水。

❺盖上盖，拧紧实，置于阴凉处泡制6天。

❻取出藕片，摆好盘即可。

制作指导：

使用淡盐水清洗藕片，会更容易去除污渍。需要注意的是，藕性偏凉，故产妇不宜过多食用此泡菜。

泡糖蒜苗

| 难易度：★ ☆ ☆ | 泡制时间：4天（适温6℃~15℃）

原料

蒜苗100克

调料

盐10克，白酒10毫升，白糖10克

做法

❶洗净的蒜苗切段，装入碗中。

❷碗中加入少许盐，淋入白酒，拌匀。

❸捞出蒜苗，用清水洗净，再装入碗中。

❹碗中加入白糖、盐，拌匀，倒入矿泉水，搅拌一会儿。

❺将蒜苗转入玻璃罐中，盖上盖，放在室内阴凉处密封4天。

❻揭开盖，取出装盘即可。

制作指导：

制作此泡菜时，也可以把蒜苗放入盐水中浸泡15分钟左右，捞出，然后用清水清洗干净，再切成段即可。

❶青椒洗净切圈。

❷去皮洗净的红葱头装入碗中，加入盐。

❸倒入适量热水，拌匀后浸泡2小时，滤出装碗。

❹碗中加入盐、白糖、白醋、青椒圈、清水，拌匀。

泡糖醋红葱头

▌难易度：★☆☆　▌泡制时间：10天（适温8℃~15℃）

🌶 原料

红葱头300克，青椒20克

🍲 调料

盐30克，白糖30克，白醋35毫升

制作指导：

制作此泡菜时，尽量选用大小一致的红葱头，以保证口感均匀。

❺将材料盛入玻璃罐中，倒入泡汁，加盖密封，置于阴凉干燥处，浸泡10天即可。

做法

❶芦笋洗净去皮，切成小段。

❷将芦笋段装入碗中，加入盐、白糖、白酒、洗净的干辣椒、八角、花椒、草果、沙姜，拌匀。

❸加入红糖和适量矿泉水，拌匀。

❹把芦笋段装入玻璃罐中，倒入余下的泡汁，盖紧盖，置于阴凉干燥处密封7天。

❺将腌好的泡菜取出即可。

芦笋泡菜

▍难易度：★☆☆ ▍泡制时间：7天（适温6℃~15℃）

🌶 原料

芦笋200克，干辣椒、八角、花椒、草果、沙姜各少许

🍲 调料

盐20克，白酒15毫升，红糖、白糖各10克

制作指导：

制作此泡菜还可以使用泡菜坛子，但一定要密封严实。

糖汁莴笋片

难易度：★☆☆ | 泡制时间：3天（适温7℃~18℃）

🌶 原料
莴笋250克

🍲 调料
盐30克，白糖10克

🍴 做法

❶去皮洗净的莴笋切成片。

❷莴笋装入碗中，撒入盐，搅拌均匀，使盐溶解。

❸碗中加入适量清水，将莴笋洗净，沥干水分。

❹碗里加入白糖，搅拌均匀。

❺将拌好的莴笋倒入玻璃罐中。

❻盖上盖，密封，置于干燥阴凉处浸泡3天即可。

制作指导：

使用制作此泡菜的方法还可以腌渍黄瓜、萝卜、海蜇皮，若喜欢食辣的，还可以适量加一些干辣椒。

糖醋莴笋泡菜

| 难易度：★☆☆ | 泡制时间：3天（适温6℃~16℃）

原料

莴笋300克，生姜20克

调料

白醋50毫升，盐20克，白糖10克

做法

❶去皮洗净的莴笋切成块；洗净的生姜切成丝。

❷莴笋装入碗中，加入盐，搅拌均匀。

❸莴笋用清水洗净，沥干水分。

❹在装有莴笋的碗中加入姜丝、白醋、白糖，搅拌均匀。

❺将拌好的莴笋和泡汁转入玻璃罐中。

❻盖上盖，置于干燥阴凉处密封3天，取出装盘即可。

制作指导：

莴笋用盐腌渍片刻可有效去除其本身带有的苦涩味，食用起来口感更佳。

酱酸莴笋

| 难易度：★☆☆ | 泡制时间：1天（适温5℃～18℃）

🌶 原料

莴笋270克

🍲 调料

盐6克，白糖12克，甜面酱15克

🍴 做法

❶将去皮洗净的莴笋切滚刀块，备用。

❷把莴笋块装入碗中，加入盐，搅匀，腌渍2小时。

❸再注入适量清水，洗去盐分，沥干水分后装入另一碗中。

❹加入白糖、甜面酱，拌匀，至糖分完全溶化。

❺取一个玻璃罐，盛出拌好的材料。

❻扣紧盖子，置于阴凉处腌渍1天，取出，盛入盘中即可。

制作指导：

腌渍莴笋的时间可短一些，这样口感会更鲜脆。

做法

① 冬瓜洗净去皮去瓤，切条状。

② 冬瓜条放入碗中，加入盐，抓匀，腌10分钟，放入朝天椒、白糖、白醋，拌匀。

③ 将拌好的材料夹入干净的玻璃罐中，倒入碗中的泡汁和150毫升矿泉水。

④ 加盖密封，放置在阴凉处泡制3天。

⑤ 揭开盖，将泡好的冬瓜取出，装入盘中即可。

泡冬瓜

难易度：★☆☆ | 泡制时间：3天（适温15℃～18℃）

原料

冬瓜300克，朝天椒15克

调料

盐15克，白糖20克，白醋10毫升

制作指导：

切开的冬瓜挑选时，可用指甲掐一下，如果瓜皮较硬，那么肉质细密，质量比较好。

泡彩椒

原料

彩椒300克，蒜头20克

调料

盐15克，白糖20克，白醋15毫升

做法

❶彩椒洗净去籽，切小块。

❷将彩椒块装入碗中，加入盐、白糖、蒜头，拌匀。

❸淋入白醋和200毫升矿泉水。

❹将拌好的彩椒装入玻璃罐中，压实。

❺再倒入碗中剩余的味汁，加盖密封，腌渍7天。

❻取出腌渍好的彩椒，即可食用。

制作指导：

先将彩椒放入沸水锅中焯一下再制作成泡菜，这样可以缩短泡菜腌渍的时间。

泡蕨菜

| 难易度：★☆☆ | 泡制时间：7天（适温8℃~15℃）

🌶 **原料**

蕨菜300克，朝天椒15克，蒜头10克

🍲 **调料**

盐20克，白糖40克，白醋45毫升

🍴 **做法**

❶将洗净的蕨菜切成长短相同的段，装入玻璃碗中。

❷洗好的朝天椒拍破备用。

❸将朝天椒、蒜头放入碗中，加入盐、白糖、白醋。

❹再倒入约300毫升矿泉水，用勺搅拌匀。

❺将蕨菜放入干净的玻璃罐中，再将碗中的味汁倒入罐中。

❻加盖密封，置于阴凉处泡制7天，取出即可食用。

制作指导：

蕨菜鲜品在使用前应先在沸水中浸烫一下，再过凉水，以清除其表面的黏质和土腥味。

糖醋洋葱

 难易度：★☆☆ | 泡制时间：7天（适温6℃~18℃）

🌶 原料

洋葱250克

🍲 调料

陈醋40毫升，盐25克，白糖10克，生抽10毫升

制作指导：

将洋葱放入沸水锅中焯水后沥干水分，再放入玻璃罐中泡制泡菜，可以缩短泡制的时间。

🍴 做法

❶ 去皮洗净的洋葱对半切开，改切小瓣。

❷ 取一个干净的大碗，撒上白糖、盐，倒入陈醋。

❸ 注入适量凉开水，拌匀，再淋入生抽，拌匀，制成泡汁。

❹ 取一个干净的玻璃罐，放入洋葱，压紧，把调好的泡汁倒入玻璃罐中。

❺ 盖上盖，放在阴凉干燥处浸泡约7天，取出即可食用。

✕ 做法

❶豆角洗净切段，装入碗中。

❷放入八角、花椒、姜片、蒜片、盐、白糖、白酒、红糖，拌至白糖溶化，注入100毫升矿泉水，拌匀。

❸取玻璃罐，盛入拌好的食材，倒入碗中的汁液，压紧食材。

❹盖上盖，用力拧紧，置于阴凉干燥处泡制约7天。

❺将腌好的泡菜取出，装盘即可。

姜蒜泡豆角

▌难易度：★☆☆　　▌泡制时间：7天（适温10℃～15℃）

🌶 原料

豆角100克，姜片10克，蒜片10克，八角、花椒各少许

🍲 调料

盐20克，白酒10毫升，白糖8克，红糖8克

制作指导：

若碗中的汁液不到瓶身的一半，可以注入适量凉开水，可避免食材腐坏。

香椿泡菜

难易度：★☆☆ 泡制时间：3天（适温12℃~16℃）

🌶 原料

香椿300克

🍲 调料

盐25克，白糖20克

🍴 做法

❶将洗净的香椿切去老茎。

❷将香椿放入盆中，加入盐。

❸抓匀，挤出水分，加入白糖，拌匀至糖分溶化。

❹将拌好的香椿放入玻璃罐中。

❺盖上盖密封，置于干燥阴凉处腌渍3天。

❻香椿泡菜制成，取出，盛入盘内即可。

制作指导：

香椿装入玻璃罐后，一定要密封严实，否则容易变质。

其他泡菜

自制酱黄瓜

| 难易度：★☆☆ | 泡制时间：1天（适温5℃~15℃）

原料

小黄瓜200克，姜片、蒜瓣、八角各少许

调料

酱油400毫升，红糖10克，白糖2克，老抽5毫升，盐5克，料酒5毫升，食用油适量

做法

❶在洗净的小黄瓜上打上灯笼花刀。

❷将黄瓜装入碗中，加入适量盐，抹匀，腌渍1天。

❸热锅注油烧热，倒入姜片、蒜瓣、八角、爆香，倒入酱油。

❹淋入料酒，再加入红糖、白糖、老抽、炒匀。

❺将煮好的酱汁盛出，放凉。

❻将放凉的酱汁倒入黄瓜碗内，将黄瓜浸泡片刻即可食用。

❶ 白萝卜去皮洗净，切片。

❷ 将白萝卜盛入碗中，加入盐、豆瓣酱、甜面酱、生抽，拌匀，加入300毫升矿泉水，拌匀。

❸ 将拌好的材料盛入玻璃罐中，倒入碗中剩余的泡汁。

❹ 加盖密封，置于16～20℃的室内阴凉处浸泡7天。

❺ 泡菜制成后，取出即可。

双酱泡萝卜

┃ 难易度：★☆☆ ┃ 泡制时间：7天（适温16℃～20℃）

🌶 原料

白萝卜300克

🍲 调料

盐20克，豆瓣酱30克，生抽10毫升，甜面酱20克

制作指导：

制作此泡菜，萝卜片的厚度要适中，薄了不够爽脆，太厚不易入味。

酱腌白萝卜

难易度：★☆☆ | **泡制时间：1天（适温6℃~15℃）**

🌶 原料

白萝卜350克，朝天椒圈、姜片、蒜头各少许

🍲 调料

盐7克，白糖3克，生抽4毫升，老抽3毫升，陈醋3毫升，食用油适量

🍴 做法

❶白萝卜洗净去皮，切片。

❷将白萝卜片装入碗中，加入盐，拌匀，腌渍20分钟。

❸白萝卜腌渍好后加入白糖拌匀，倒入适量清水，洗净滤出。

❹白萝卜中放入生抽、老抽、陈醋、水、姜片、蒜头、朝天椒。

❺搅拌均匀，用保鲜膜包裹密封好，放于阴凉处腌渍1天。

❻把保鲜膜去掉，将腌好的白萝卜装入盘中即可。

制作指导：

用盐先将白萝卜腌渍一遍，可以去除白萝卜的辛辣味。

腌萝卜干

| 难易度：★★☆ | 泡制时间：13天（适温10℃～18℃）

原料

白萝卜500克

调料

粗盐60克，白酒30毫升

制作指导：

放入玻璃罐中的白萝卜要压紧压实，另外，还应避免阳光直射。

做法

❶白萝卜洗净切条，盛入碗中，放入粗盐、白酒，拌匀。

❷将白萝卜盛入玻璃罐中，加盖，用清水密封，腌渍1天。

❸将白萝卜取出，摆在簸箕上，置于太阳底下晒制2天至呈棕褐色。

❹将白萝卜放入玻璃罐中，加盖密封，放置在阴凉干燥处腌渍10天。

❺萝卜干腌好，取出装盘即可。

✕ 做法

❶洗净的白萝卜切成片；去皮的大蒜用刀背拍碎。

❷把白萝卜片倒入碗中，加入盐、白酒，拌匀。

❸倒入洗净的干辣椒、大蒜，用筷子搅拌均匀。

❹把白萝卜放入玻璃罐中，倒入碗中余下的泡汁。

❺倒入矿泉水，盖上盖，置于干燥阴凉处泡制5天即可。

酒香萝卜泡菜

▌难易度：★☆☆ ▌泡制时间：5天（适温10℃~18℃）

🌶 原料

白萝卜200克，大蒜10克，干辣椒少许

🍲 调料

盐25克，白酒10毫升

制作指导：

玻璃罐的盖子一定要拧紧，密封严实，以防空气中的水分进入，导致泡菜腐烂。

花椒胡萝卜泡菜

| 难易度：★ ☆ ☆ | 泡制时间：7天（适温6℃ ~ 18℃）|

🌶 原料

胡萝卜150克，花椒少许

🍲 调料

盐10克，白酒10毫升，白糖8克

🍴 做法

❶胡萝卜去皮洗净，先切成段，再切成厚片，最后切条。

❷胡萝卜条装碗，加入盐、白酒、花椒，搅拌均匀。

❸再加入适量白糖。

❹倒入适量矿泉水，并用筷子搅拌。

❺取一个玻璃罐，将拌好的胡萝卜转入玻璃罐中。

❻盖上盖，置于干燥阴凉处密封7天，取出即可。

制作指导：

密封好的泡菜在腌渍过程中一定不能沾油或者生水，否则会让泡菜的质量大打折扣。

✕ 做法

① 鲜榨菜洗净切片。

② 把切好的鲜榨菜放入碗中，加入盐、白糖，淋入白酒，再注入矿泉水，拌至白糖溶化。

③ 取玻璃罐，盛入拌好的鲜榨菜，倒入碗中剩余的汁液。

④ 盖上盖子，扣紧，置于阴凉干燥处泡制约7天。

⑤ 将腌好的泡菜取出即可。

酒香味泡鲜榨菜

▌难易度：★☆☆　▌泡制时间：7天（适温12℃～17℃）

🌶 原料

鲜榨菜300克

🍲 调料

盐30克，白酒15毫升，白糖10克

制作指导：

泡好的鲜榨菜一般不直接食用，所以在泡制鲜榨菜时盐可以适量多加一些，以防其变质。

酱泡莴笋

难易度：★☆☆ | 泡制时间：3天（适温20℃~25℃）

🌶 **原料**

莴笋300克

🍲 **调料**

豆瓣酱30克，盐10克，白酒15毫升

🍴 **做法**

❶莴笋去皮洗净，用斜刀切块。

❷把莴笋装入碗中，加入盐、白酒，用筷子拌匀。

❸加入豆瓣酱，用筷子搅拌均匀。

❹将拌好的莴笋倒入玻璃罐中。

❺盖紧盖，置于干燥阴凉处密封3天，避免阳光照射。

❻将腌好的泡菜取出即可。

制作指导：

腌渍莴笋时要少放一些盐，否则会影响成品的口感。

五香泡菜

难易度：★☆☆ 泡制时间：7天（适温18℃～20℃）

🌶 原料

莴笋350克，红椒10克，姜丝少许

🍲 调料

盐5克，白糖5克，五香粉、生抽各适量

🍴 做法

❶红椒洗净切片；莴笋去皮洗净，切成滚刀块，盛入碗中。

❷碗中放入红椒、姜丝、白糖、盐、五香粉、生抽，拌匀。

❸加入矿泉水，用筷子拌匀。

❹将拌好的莴笋盛入干净的玻璃罐中。

❺加盖密封，置于室内阴凉处泡制7天。

❻揭开盖，将泡好的莴笋取出，装入盘中即可。

制作指导：

未用完的莴笋可直接用保鲜袋装好，放入冰箱冷藏，保存时应与苹果、梨子和香蕉分开，以免诱发褐色斑点。

莴笋泡菜

▌难易度：★ ☆ ☆ ▌泡制时间：1天（适温15℃~20℃）

原料

莴笋400克，葱25克，大蒜、红椒各适量

调料

盐30克，白糖、生抽、芝麻油各少许

做法

❶洗净的莴笋切块；洗好的葱切段；大蒜拍破；红椒切斜圈。

❷莴笋加盐，拌匀腌渍20分钟。

❸放入葱段、红椒、大蒜，拌匀。

❹加入白糖、生抽、芝麻油，拌匀。

❺将莴笋倒入泡菜坛子中。

❻加入适量矿泉水，加盖泡1天，取出泡好的莴笋即可。

制作指导：

腌渍莴笋时，最好少放盐，过多的盐不仅破坏了莴笋的营养结构，而且也会使口感变差。

❶藠头洗净切段；洋葱去皮洗净，切丝。

❷取玻璃碗，倒入藠头、大蒜，加入适量盐，用筷子拌匀，腌渍约1分钟。

❸将洋葱倒入碗中，加入白酒、小苏打，倒入矿泉水，拌匀。

❹将拌好的材料倒入玻璃罐中，再倒入碗中的泡汁。

❺盖上盖，在室温下密封7天，避免阳光直晒，取出装盘即可。

泡藠头什锦菜

▌难易度：★☆☆ ▌泡制时间：7天（适温18℃～25℃）

🌶 原料

藠头100克，洋葱80克，大蒜10克

🍲 调料

盐20克，白酒10毫升，小苏打10克

制作指导：

切洋葱时，先将菜刀在冷水中浸泡一会儿再切，可以防止挥发物质刺激眼睛。

泡咸味蒜头什锦菜

难易度：★★☆　｜　泡制时间：3天（适温16℃～20℃）

🌶 原料

莴蓝200克，白萝卜300克，蒜头30克，
葱白20克

🍲 调料

盐30克，白醋15毫升，白酒15毫升

🍴 做法

❶白萝卜、莴蓝均去皮洗净，切丝。

❷将白萝卜丝、莴蓝丝装入碗中，加入盐、蒜头、葱白、白醋。

❸加入白酒、矿泉水，用手抓匀。

❹将拌好的材料盛入玻璃罐中，压实，倒入剩余的泡汁。

❺盖紧盖，放置在阴凉处密封3天。

❻泡菜制成，取出装入盘中即可。

制作指导：

将白萝卜、莴蓝切成丝时，大小要适中，太细的白萝卜丝和莴蓝丝吃起来不够爽脆，太粗的不易入味。

泡洋葱

难易度：★☆☆ 泡制时间：5天（适温6℃~17℃）

原料

洋葱150克，朝天椒15克

调料

盐15克，白醋15毫升，白糖10克

做法

①洋葱去皮洗净，切成丝；朝天椒洗净，用刀拍碎。

②将切好的洋葱放入碗中，倒入朝天椒。

③碗中加入盐、白醋、白糖，拌至糖分溶化。

④将拌好的材料放入玻璃罐中。

⑤盖上盖，扣紧实，密封4~5天。

⑥洋葱泡菜制成，取出即可。

制作指导：

朝天椒的辣味很足，将其拍碎时要稍稍遮挡一下，以免刺激到眼睛。

做法

❶洋葱去皮洗净，切成丝。

❷将洋葱丝装入碗中，加入盐拌匀，放入花椒、八角、桂皮、干辣椒，拌匀。

❸加入红糖，倒入醪糟，拌匀，倒入矿泉水，拌匀。

❹将拌好的洋葱和泡汁倒入玻璃罐中，盖上盖，置于干燥阴凉处密封5天。

❺将腌好的泡菜取出即可。

五香洋葱泡菜

| 难易度：★★☆ | 泡制时间：5天（适温10℃~18℃）

🌶 原料

洋葱150克，醪糟30克，干辣椒7克，八角、花椒、桂皮各少许

🍲 调料

盐10克，红糖20克

制作指导：

醪糟口感甘甜，用来制作泡菜不仅风味好，还具有缓解疲劳的作用。

 做法

① 小油菜洗净切段；
红椒洗净去蒂，切
圈；蒜苗洗净切段。

② 小油菜装碗，加入
盐，抓匀，再加入红
椒圈、蒜苗，抓匀。

③ 将小油菜盛入玻璃
罐中，倒入清水。

④ 加盖密封，置于干
燥阴凉处浸泡3天。

⑤ 泡菜制成，取出，
装入盘中即可。

小油菜泡菜

| 难易度：★☆☆ | 泡制时间：3天（适温16℃～20℃）

🌶 **原料**

小油菜500克，蒜苗40克，红椒15克

🍲 **调料**

盐15克

制作指导：

小油菜洗净后，可置于
盐水中浸泡3分钟，清
洗后要沥干水分。

五香泡圆白菜

| 难易度：★★☆ | 泡制时间：4天（适温7℃～14℃）

原料
圆白菜300克，朝天椒15克，甘草片4克

调料
盐30克，白糖10克，白酒15毫升，五香粉5克

做法

① 圆白菜洗净去根，切小块；取一干净的碗，加入盐、白糖。

② 放入白酒、矿泉水、甘草片、朝天椒、五香粉，拌成泡汁。

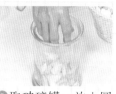
③ 取玻璃罐，放入圆白菜，压紧实。

④ 玻璃罐中倒入拌好的泡汁。

⑤ 盖好盖子，扣紧实，置于阴凉干燥处浸泡4天。

⑥ 取出已经腌好的泡菜即可。

制作指导：
圆白菜的根不易泡制入味，若喜欢食用，可以先焯水后再泡制。

椒盐泡菜

| 难易度：★★☆ | 泡制时间：3天 （适温12℃~18℃）

原料

白菜300克，红辣椒30克，花椒5克

调料

盐适量

做法

①锅中注水煮沸，放入白菜，拌匀，煮约1分钟至菜叶变软。

②捞出煮好的白菜，沥干水分，装在盘中，备用。

③玻璃罐中放入部分洗净的红辣椒、花椒，加入白菜。

④撒入少许盐和洗净的花椒。

⑤依此装完余下的白菜、花椒、红辣椒和盐，压实。

⑥倒入矿泉水后盖上盖，密封严实，泡制约3天，取出即可。

制作指导：

腌渍白菜时，一定不要放入味精，否则会使腌菜变质。

❶萝卜缨洗净装碗，加入少许盐，拌匀，加入干辣椒、八角、桂皮、红糖。

❷再倒入少许白酒，拌匀，加入约250毫升矿泉水，用筷子搅拌均匀。

❸把拌好的材料转到玻璃罐中，倒入剩余泡汁。

❹盖紧盖，置于阴凉处密封5天。

❺泡菜制成后取出，装入盘中即可。

萝卜缨泡菜

┃难易度：★☆☆ ┃泡制时间：5天（适温16℃～20℃）

🌶 原料

萝卜缨300克，干辣椒2克，八角、桂皮各少许

🍲 调料

盐20克，红糖10克，白酒适量

制作指导：

矿泉水不能加太多，否则泡菜易腐烂。

泡平菇什锦菜

▎难易度：★★☆ ▎泡制时间：4天（适温7℃～14℃）

🌶 原料

大白菜200克，芹菜60克，平菇50克，姜片20克，干辣椒6克，花椒少许

🍲 调料

盐20克，白酒15毫升，白糖10克

🍴 做法

❶白菜洗净切丝；芹菜洗净切段。

❷将白菜丝装碗，加入盐、芹菜、洗好的平菇，拌匀。

❸放入姜片、花椒、干辣椒、矿泉水、白酒、白糖，拌匀。

❹取玻璃瓶，盛入拌好的食材，倒入碗中余下的汁液。

❺盖紧盖，置于阴凉低温处泡制约4天。

❻取出泡制好的食材即可。

制作指导：

将平菇放在容器中清洗时，可轻轻搅动平菇，使其菌盖中的细砂粒落下来。

酱泡青椒

难易度：★☆☆ 泡制时间：7天（适温6℃～18℃）

原料

青椒200克

调料

盐25克，甜面酱20克，白酒10毫升，
白糖8克

制作指导：

青椒的籽不宜去掉，因为青椒的籽在泡制时能使成品的味道更香醇。

❶青椒洗净去蒂，切小段。

❷将青椒放入碗中，加入盐，拌至溶化，淋入白酒，撒上白糖，放入甜面酱，拌1分钟至食材入味。

❸将拌好的青椒盛入玻璃罐中，再注入少许矿泉水。

❹盖紧盖，放在阴凉干燥处，浸泡7天。

❺将腌好的泡菜取出，摆好盘即可。

盐水泡青椒

难易度： ★★☆ | **泡制时间：** 10天（适温5℃~17℃）

原料

青椒200克，醪糟40克，八角、花椒、干沙姜、桂皮、草果、香叶各少许

调料

白醋45毫升，盐30克，红糖25克，白酒15毫升

做法

❶青椒洗净去蒂，切成段，装入碗中。

❷加入盐、八角、花椒、干沙姜、桂皮、草果、香叶、红糖。

❸倒入醪糟、白酒、白醋，注入适量矿泉水，拌至入味。

❹将拌好的材料盛入玻璃罐中，倒入碗中的汁液。

❺盖上盖子，拧紧，置于阴凉干燥处浸泡10天。

❻取出已经腌好的泡菜即可。

制作指导：

在切青椒时，先将刀在冷水中蘸一下再切，就不会辣到手了。选购青椒时，要挑没有干枯、腐烂、虫害的购买。

泡板栗

| 难易度：★☆☆ | 泡制时间：7天（适温10℃~18℃）

🌶 原料

板栗300克，朝天椒15克，蒜头、姜片各10克

🍲 调料

盐30克，白糖8克，白酒、白醋各30毫升

制作指导：

将少许柠檬酸液放入玻璃罐中拌匀，可使成品的外形更加美观。

🍴 做法

❶ 板栗肉洗净，装入碗中，撒上盐。

❷ 加入白糖，放入洗净的朝天椒、姜片、蒜头。

❸ 淋上白酒，倒入白醋、矿泉水，拌至白糖溶化。

❹ 把拌好的材料装入玻璃罐中，压实，倒入剩余的泡汁。

❺ 盖紧盖密封，置于阴凉干燥处浸泡7天，取出即可。

做法

❶ 洗净的紫薯去皮，切成片，装碗。

❷ 碗中加入适量盐，倒入少许矿泉水，搅拌均匀。

❸ 加入备好的红糖，放入洗净的干辣椒，拌匀，再倒入适量白酒，拌匀。

❹ 把紫薯转入玻璃罐中，倒入泡汁，压紧压实。

❺ 盖上盖，置于阴凉干燥处密封5天，取出即可。

紫薯泡菜

难易度：★☆☆ **泡制时间：5天（适温6℃～12℃）**

原料
紫薯150克，干辣椒少许

调料
盐25克，红糖10克，白酒10毫升

制作指导：

紫薯泡制的时间不能太长，而且要尽快食用，否则容易腐烂，而且口感也会变差。

酒香蒜苗泡菜

| 难易度：★☆☆ | 泡制时间：4天（适温6℃~17℃）

🌶 原料

蒜苗200克，小茴香、花椒、红椒片
各少许

🍲 调料

盐25克，白酒13毫升，红糖9克

🍴 做法

❶将洗净的蒜苗切成
小段，装入碗中。

❷加入盐、红椒片、
花椒、小茴香、白
酒、矿泉水，拌匀。

❸再加入红糖，搅拌
至糖分溶化。

❹取一个干净的玻璃
瓶，盛入蒜苗，倒入
剩余泡汁，压紧。

❺盖上瓶盖，置于阴
凉干燥处泡制4天。

❻将腌好的泡菜取出
即可。

制作指导：

将蒜苗用粗盐清洗一次，再放入容器中
泡制，可以缩短制作的时间。

泡蒜苗梗

难易度：★★☆ | **泡制时间：5天（适温8℃~15℃）**

🌶 原料

蒜苗梗200克，香叶、八角、干沙姜、干红椒各少许

🍲 调料

盐25克，白酒13毫升，红糖少许

🍴 做法

❶蒜苗梗洗净切段，装入碗中。

❷加入盐、香叶、八角、干沙姜、干红椒、红糖。

❸倒入白酒，注入矿泉水，搅拌1分钟至红糖溶化。

❹取玻璃瓶，盛入拌好的食材和剩余的泡汁，压紧食材。

❺盖紧瓶盖，置于阴凉干燥处泡制5天。

❻将腌好的泡菜取出，摆好盘即可。

制作指导：

蒜苗梗的根部较硬，泡制前可将其切开，以便泡制得更入味。购买蒜苗时，要选择粗壮、不易折断的蒜苗。

❶韭黄洗净切段。

❷取碗，将韭黄倒入碗中，加入盐、红糖、干辣椒，加入醪糟，拌匀。

❸把韭黄转入玻璃罐中，倒入泡汁，压紧压实。

❹盖紧盖，在室温下泡制1天。

红椒泡韭黄

┃难易度：★☆☆ ┃泡制时间：1天（适温18℃~22℃）

🌶 **原料**

韭黄200克，醪糟40克，干辣椒少许

🍲 **调料**

盐25克，红糖20克

制作指导：

泡制韭黄时红糖不要放入太多，以免过甜，掩盖韭黄本身的鲜味。

❺将腌好的泡菜取出即可。

红椒佛手瓜

▌难易度：★★☆ ▌泡制时间：5天（适温15℃~18℃）

🌶 原料

佛手瓜200克，老卤水150毫升，干辣椒、花椒各适量

🍲 调料

盐25克，红糖10克，白酒10毫升

🍴 做法

❶佛手瓜洗净去核，切片，装入碗中。

❷倒入沸水，焯烫1分钟，捞出沥干水分，倒入碗中。

❸加入盐、干辣椒、花椒、红糖、老卤水、白酒，拌匀。

❹把佛手瓜片装入玻璃罐中，再倒入泡汁，压紧压实。

❺盖上盖，置于阴凉干燥处泡制5天。

❻将腌好的泡菜取出即可。

泡佛手瓜

难易度：★☆☆ 泡制时间：4天（适温18℃～20℃）

🌶️ 原料
佛手瓜150克，干辣椒2克，八角1克，桂皮、香叶各少许

🍲 调料
盐30克，红糖30克

🍴 做法

❶把洗净的佛手瓜切瓣，去核，切片，放入碗中。

❷加入盐，再放入干辣椒、香叶、八角、桂皮、红糖。

❸再倒入矿泉水，用筷子搅拌均匀。

❹将拌好的佛手瓜连同泡汁装入玻璃罐中，压紧压实。

❺加盖密封，置于阴凉干燥处浸泡4天。

❻待泡菜制成后取出即可。

制作指导：
佛手瓜要切成大小一致、厚度适中的片，以保证成品口感均匀。

花椒泡黄豆

| 难易度：★★☆ | 泡制时间：7天（适温8℃~15℃）

原料

黄豆100克，八角、桂皮、花椒各适量

调料

盐20克，白酒10毫升，白糖8克

做法

①锅中注水，倒入洗好的黄豆，大火煮沸后转小火煮20分钟。

②捞出，过凉水，沥干水分后装入碗中。

③碗中倒入花椒、桂皮、八角、白酒、盐、白糖、矿泉水。

④搅拌均匀，将黄豆放入玻璃瓶中，倒入碗中汁液。

⑤加盖拧紧，置于阴凉干燥处泡制约7天。

⑥取出，放在小碟子中即可。

制作指导：

黄豆在煮之前，最好要用水泡一段时间，这样可以缩短煮黄豆的时间。

大葱泡菜

▌难易度：★☆☆ ▌泡制时间：3天（适温16℃~20℃）

🌶 **原料**

大葱150克，醪糟30克，干辣椒、八角、干沙姜各少许

🍲 **调料**

盐20克，红糖20克

制作指导：

腌渍此菜时，加入的盐要适量，盐放多了，泡出的菜就太咸；盐太少，泡菜易变白腐烂。

🍴 做法

❶大葱洗净切长段。

❷将大葱装入碗中，加入盐、八角、干沙姜、醪糟、干辣椒、红糖、180毫升矿泉水，拌匀。

❸将拌好的大葱盛入玻璃罐中，倒入碗中剩余泡汁，压紧实。

❹加盖密封，置于室温环境下浸泡3天。

❺泡菜制成后，取出即可。

泡菜脆猪耳

| 难易度：★★☆ | 泡制时间：5天（适温15℃～18℃）

🌶 原料

猪耳600克，莴笋100克，红椒10克，泡椒15克，香叶、草果、八角、干沙姜各少许

🍲 调料

盐30克，白酒15毫升，料酒、生抽、味精各适量

🍴 做法

❶猪耳洗净入沸水锅中，加入白酒、料酒、盐，煮熟捞出。

❷猪耳切薄片；莴笋去皮洗净，切片；红椒洗净去蒂，切块。

❸猪耳中加入莴笋、泡椒、红椒、香叶、草果、八角、干沙姜，拌匀。

❹加入白酒、盐、味精、生抽拌匀，装入罐中，加泡汁、矿泉水。

❺盖紧盖，置于阴凉干燥处泡制5天。

❻将腌渍好的泡菜脆猪耳取出即可。

制作指导：

猪耳切片时，要尽量切成厚度一致的薄片，这样能使成品的口感更佳。

中庄醉蟹

▍难易度：★ ☆ ☆　　▍泡制时间：7天（适温3℃~5℃）

 原料

花蟹2只

 调料

米酒1碗，花椒、陈醋、蒜末各少许，盐适量

🍴 做法

❶将花椒倒入大碗内，加入适量盐。

❷放入处理好的花蟹，倒入米酒。

❸用保鲜膜密封，放入冰箱保鲜层中腌渍约7天。

❹取出腌好的花蟹。

❺将保护膜拆除，用筷子夹入盘中。

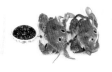

❻佐以陈醋蒜汁一起食用即可。

制作指导：

因为米酒具有挥发性，所以在腌渍花蟹时应确保保鲜膜密封严实，以免米酒的味道完全挥发掉了，影响成品的味道。

✗ 做法

① 锅中加入适量清水，放入冰糖，拌煮至溶化。

② 将冰糖水倒入碗中，加入花椒、姜片、辣椒末、干辣椒、生抽，拌匀。

③ 放入洗净的花蟹，倒入米酒，铺上一层保鲜膜。

④ 密封严实，置于冰箱保鲜层冷藏约7天。

⑤ 取出，撕开保鲜膜，装盘即成。

屯溪醉蟹

■ 难易度：★☆☆　　■ 泡制时间：7天(适温3℃~5℃)

🌶 原料

花蟹2只，米酒200克，花椒15克，干辣椒、辣椒末、姜片各适量

🍲 调料

冰糖、生抽各适量

制作指导：

花蟹的大钳很硬，吃起来比较困难，腌渍之前可以先把它拍碎，这样更易入味。

PART 3
特色
泡菜

泡菜特别是特色泡菜作为一道家常小菜，以其平民化的做法与清脆的口感传遍了四方，不论是药膳泡菜、水果泡菜、地方风味泡菜或是来自异域的风味泡菜都深深折服了各地的食客。特色泡菜口感脆生，色泽鲜亮，开胃提神，老少适宜，一年四季都可以制作，是居家过日子必备的小菜，但是特色泡菜制作时十分讲究泡制方法，相信很多人都不知道吧。那么，本章将为你奉上各式特色泡菜的腌渍方法，让你轻松做出家喻户晓的佐餐菜肴！

药膳泡菜

 沙苑子泡鲜藕

难易度：★☆☆　泡制时间：7天（适温14℃~20℃）

 原料

莲藕300克，沙苑子4克，朝天椒15克

调料

盐20克，白糖8克，白醋30毫升

做法

①将洗净的莲藕切成块，浸泡在盐水中。

②将莲藕捞出，沥干水分，放入碗中。

③放入盐、白糖、洗净的沙苑子、朝天椒、白醋、矿泉水，拌匀。

④将材料装入玻璃罐中，压实。

⑤加盖密封，置于阴凉处浸泡7天。

⑥取出腌渍好的莲藕即可。

❶莲藕洗净去皮，切块，装入碗中，倒入适量清水。

❷将沥干水分的莲藕放入碗中，加盐、白糖、姜片、桂圆肉拌匀，倒入白醋。

❸再倒入200毫升矿泉水，拌匀。

❹将拌好的材料与汁液一起放入玻璃罐中，加盖密封，腌渍约7天。

❺取出腌渍好的莲藕即可。

桂圆泡鲜藕

▌难易度：★☆☆ ▌泡制时间：7天（适温14℃~20℃）

🌶 原料

莲藕300克，桂圆肉25克，姜片15克

🍲 调料

盐35克，白糖10克，白醋25毫升

制作指导：

切好的藕片可放在凉水中浸泡片刻，口感会更爽脆。

❶将黄瓜洗净，斜切成块；红辣椒洗净切成圈。

❷黄瓜中加入盐、白糖、蒜头、红辣椒圈、姜片和洗净的菟丝子，拌匀。

❸加入白酒、白醋、550毫升矿泉水，搅拌均匀。

❹将拌好的材料与汁液一起放到玻璃罐中，压实，盖上盖，拧紧，密封7天。

❺取出即可食用。

菟丝子泡黄瓜

▌难易度：★☆☆　　▌泡制时间：7天（适温5℃~16℃）

🌶 **原料**

黄瓜100克，红辣椒20克，姜片、蒜头各10克，菟丝子6克

🍲 **调料**

盐15克，白糖10克，白酒12毫升，白醋20毫升

制作指导：

黄瓜用来做泡菜，需要将瓜瓤去除后再进行加工、腌渍，才不会导致成品烂掉。

麦冬泡萝卜

难易度：★☆☆　泡制时间：7天（适温6℃~15℃）

原料

白萝卜350克，麦门冬4克

调料

盐25克，白糖10克，白酒10毫升

做法

① 白萝卜洗净，切成片，待用。

② 将白萝卜片倒入干净的碗中。

③ 加入盐、白糖、白酒，放入洗好的麦门冬，搅拌均匀。

④ 把白萝卜装入干净的玻璃罐中，再倒入剩余泡汁。

⑤ 盖上盖，拧紧密封，置于干燥阴凉处泡制约7天。

⑥ 打开盖，将腌好的白萝卜取出，装入盘中即可。

制作指导：

玻璃罐要注意避免阳光直射，否则其中的泡菜易变质。白萝卜最好带泥存放，若室内温度不高，可放在阴凉通风处。

鸡血藤泡莴笋

難易度：★☆☆　　泡制时间：3天（适温14℃~20℃）

🌶 **原料**

莴笋200克，鸡血藤7克，朝天椒10克

🍲 **调料**

盐10克，白糖15克，白醋30毫升

🍴 **做法**

①莴笋去皮洗净，切滚刀块；鸡血藤置于清水中，掰成小块。

②把莴笋和洗净的朝天椒装碗，加入盐、鸡血藤，拌匀。

③加入白糖、白醋和500毫升矿泉水，搅拌均匀。

④把拌好的食材与汁液一起盛入准备好的玻璃罐中。

⑤加盖密封3天。

⑥取玻璃罐，打开盖，夹出腌好的材料，装盘即可食用。

制作指导：

莴笋颜色呈浅绿色的鲜嫩水灵，而有些带有浅紫色为最佳。

❶山药去皮洗净，切成条形。

❷把山药放入清水中，加入白醋，滤出，装入碗中。

❸加入盐、生抽，放入八角、香叶、花椒，拌匀，倒入250毫升矿泉水，拌匀。

❹将拌好的山药连同泡汁装入玻璃罐中，压紧，加盖密封，置于阴凉干燥处浸泡2天。

❺泡菜制成，取出装盘即可。

泡五香山药

| 难易度：★★☆ | 泡制时间：2天（适温18℃~20℃）

  原料

山药300克，八角、香叶、花椒各少许

调料

生抽10毫升，盐5克，白醋少许

制作指导：

新鲜山药切开时会有黏液，极易滑刀伤手，可以先用清水加少许醋清洗，这样可减少黏液。

✖ 做法

① 芹菜洗净切段。

② 将芹菜段装入碗中，放入红椒圈，加入盐、白糖，拣入洗好的当归，搅拌均匀，倒入白醋和450毫升矿泉水。

③ 将碗中材料与汁液一起装入玻璃罐中。

④ 加盖密封，置于阴凉处浸泡3天。

⑤ 泡菜制成，取出装盘即可。

当归泡芹菜

▍难易度：★☆☆　　▍泡制时间：3天（16℃～22℃）

🌶 原料
芹菜200克，当归5克，红椒圈10克

🍲 调料
盐20克，白醋15毫升，白糖10克

制作指导：

芹菜叶中所含的胡萝卜素和维生素C比茎中的含量多，因此吃时不要把能吃的嫩叶扔掉。

肉苁蓉泡西芹

难易度：★☆☆ 　泡制时间：3天（适温16℃～18℃）

原料

西芹200克，朝天椒15克，肉苁蓉5克，菟丝子3克，姜片10克

调料

白醋25毫升，白酒15毫升，盐20克，白糖15克

做法

❶西芹洗净，剔去一层薄皮，切段。

❷将西芹段装入碗，加入盐、白糖、姜片、白酒、白醋，拌匀。

❸倒入500毫升的矿泉水、洗好的朝天椒、肉苁蓉、菟丝子，拌匀。

❹将拌好的材料放入玻璃罐中。

❺倒入碗中的汁液，拧紧盖，密封3天。

❻取出腌渍入味的材料即可。

制作指导：

西芹上面一般会有化肥、农药残留，清水难以洗净，合理的方法是在食盐水或者白醋水中浸泡，再加以冲洗。

人参小泡菜

难易度：★★☆ **泡制时间：3天（适温16℃~20℃）**

🌶 原料

白菜500克，胡萝卜200克，白萝卜600克，黄瓜200克，芹菜70克，葱条40克，蒜末50克，人参须10克

🍲 调料

盐适量

🍴 做法

❶芹菜、葱条切段；黄瓜、去皮白萝卜、去皮胡萝卜均切片。

❷白菜切块；砂锅注水烧开，放入人参须，煮20分钟放凉。

❸将切好的食材装碗，加盐拌匀，腌渍15分钟。

❹将腌好的食材装入玻璃罐中，放入盐、蒜末，倒入人参汁。

❺盖好玻璃罐，置于阴凉处泡制约3天。

❻取出即可。

制作指导：

挑选新鲜黄瓜以有弹力的，较硬的为最佳。瓜条、瓜把枯萎的，说明采摘后存放时间过长，水分已经很少了。

玉竹泡白菜

难易度：★☆☆　**泡制时间：4天（适温6℃~15℃）**

🌶️ 原料

白菜300克，玉竹5克

🍲 调料

盐20克，白酒15毫升，白糖10克

制作指导：

玉竹在晒制的过程中会残留杂质或灰尘，因此在泡制前要清洗干净。

🍴 做法

❶将玉竹用水泡发，洗净，备用；洗好的白菜切成块。

❷白菜块倒入碗中，加入盐、白糖、玉竹、矿泉水、白酒，拌匀。

❸把白菜块装入玻璃罐中，再倒入剩余的泡汁。

❹盖上盖，拧紧，置于阴凉干燥处密封4天左右。

❺将腌好的泡菜取出即可。

做法

❶洗净的圆白菜切成丝,备用。

❷把切好的圆白菜倒入碗中,加入盐,放入西洋参,倒入适量凉开水,搅拌均匀。

❸把拌好的圆白菜装入干净的玻璃罐中,压紧压实,再将泡汁倒入玻璃罐中。

❹盖上盖,拧紧,置于阴凉干燥处密封4天左右。

❺将腌好的泡菜取出,装入盘中即可。

西洋参泡圆白菜

▌难易度:★☆☆ ▌泡制时间:4天(适温6℃~15℃)

原料

圆白菜500克,西洋参4克

调料

盐20克

制作指导:

取出泡菜时宜使用干净的筷子,切不可带油,避免油与生水进入玻璃罐中,导致泡菜变质。

泡鱼腥草

难易度：★★☆ | 泡制时间：4天（适温16℃~20℃）

原料

鱼腥草500克，朝天椒20克，泡椒水80毫升

调料

盐3克，料酒适量

做法

① 鱼腥草洗净切段。

② 装入碗中，放入洗净的朝天椒、盐、泡椒水，拌匀。

③ 倒入150毫升矿泉水，淋入适量料酒，用筷子拌匀。

④ 把鱼腥草盛入洗净的玻璃罐中，倒入泡汁压实。

⑤ 盖紧盖，置于阴凉干燥处密封4天。

⑥ 泡菜制成，取出，装入盘中即可。

制作指导：

选购鱼腥草时，以叶多、有花穗者为佳，新鲜的鱼腥草叶色绿，如有泛红或微黄的情况，则说明太老，不宜选购。

白芍药泡双耳

难易度：★★☆ ┃ 泡制时间：1天（16℃~18℃）

🌶 **原料**

木耳100克，银耳200克，白芍药7克

🍲 **调料**

盐15克，白醋20毫升，白糖10克

🍴 **做法**

① 银耳、木耳均洗净切块。

② 锅中注水烧开，下木耳煮沸，放入银耳，煮熟，捞出装碗。

③ 碗中倒入洗净的白芍药，加入盐、白糖、白醋。

④ 用筷子拌约1分钟至糖分溶化。

⑤ 将搅拌好的材料放入玻璃罐中，盖紧盖密封1天。

⑥ 泡菜制成，打开盖取出即可。

制作指导：

干木耳腌渍前宜用温水泡发，泡发后仍然紧缩在一起的部分不宜吃。

黄芪党参泡雪里蕻

▌难易度：★☆☆ ▌泡制时间：7天（适温11℃～17℃）

🌶 原料

雪里蕻300克，黄芪5克，党参、干辣椒各少许

🍲 调料

盐30克，白酒15毫升，白糖10克

> **制作指导：**
>
> 雪里蕻的根部在冲洗的时候最好切除掉，以免泡制出来的成品味苦。

🍴 做法

❶锅中注水烧开，倒入洗净的黄芪、党参、干辣椒，煮15分钟左右。

❷将汤汁盛入碗，放入矿泉水、白酒、盐、白糖拌匀，制成泡汁。

❸取玻璃罐，放入洗好的雪里蕻，压紧，倒入泡汁。

❹盖上盖，将盖扣紧，置于阴凉干燥处泡制约7天。

❺取出泡好的食材，摆好盘即成。

① 做法

① 豆角洗净切段。

② 将豆角段装入碗中，加入盐、白醋、白糖、姜片拌匀。

③ 取玻璃罐，放入洗净的百合、部分豆角，压实，再叠上余下的百合，倒入碗中余下的材料，压实。

④ 倒入白醋、矿泉水，撒上一层薄盐。

⑤ 盖上盖，拧紧，置于阴凉干燥处泡制约7天，取出泡制好的豆角即可。

百合泡豆角

▌难易度：★★☆ ▌泡制时间：7天（适温10℃～16℃)

🌶 原料
豆角200克，百合20克，姜片15克

🍲 调料
盐、白糖、白醋各适量

制作指导：

将菜层层叠放时，要一层层地压紧实，腌渍出来的风味才会保持较长的时间。

北沙参泡豆角

| 难易度：★☆☆ | 泡制时间：4~5天（适温20℃~25℃）

🌶 原料

豆角200克，朝天椒15克，北沙参10克，麦门冬7克，姜丝少许

🍲 调料

盐35克，白糖7克，白醋15毫升

🍴 做法

❶把洗好的豆角切成段，洗净的朝天椒切成圈，装入碗中。

❷加盐，再加入白糖，抓匀，静置5分钟至白糖溶化。

❸放入姜丝、麦门冬，再放入北沙参。

❹淋入白醋，加300毫升矿泉水，拌匀，盛入干净的玻璃罐中。

❺再倒入碗中的泡汁，盖上盖子，密封4~5天。

❻揭盖，取出泡好的材料，摆好盘即可。

制作指导：

豆角用加盐的沸水焯烫后再腌渍，成菜的味道会更加鲜美。

金银花泡豆角

■ 难易度：★★☆ ■ 泡制时间：5天 （适温15℃~20℃）

🌶 **原料**

豆角150克，金银花7克，姜片10克

🍲 **调料**

盐20克，白糖15克，白醋15毫升

🍴 **做法**

❶把洗净的豆角切成段，装入碗中。

❷加盐，再放入白糖，抓匀，腌渍10分钟入味。

❸放入洗净的金银花、姜片、白醋，抓匀，腌渍5分钟。

❹将拌好的材料盛入玻璃罐中，再倒入碗中的泡汁，压实。

❺倒入约150毫升矿泉水，扣上盖，置于干燥阴凉处腌渍5天。

❻揭盖，将泡制好的豆角取出，装盘即可食用。

制作指导：

金银花用矿泉水泡好后再使用，腌渍出来的味道会更好。

山药泡花生

難易度：★ ☆ ☆ ┃ 泡制时间：7天（适温10℃~18℃）

🌶 原料

山药200克，花生米70克，朝天椒15克，泡椒30克

🍲 调料

盐20克，白糖15克，白醋20毫升，白酒15毫升

🍴 做法

❶山药去皮切成块，洗净。

❷把山药和洗净的朝天椒、泡椒装碗，倒入白醋、洗好的花生米。

❸加入盐、白糖、白酒、拌匀，加入400毫升矿泉水，拌匀。

❹将拌好的材料与汁液一起装入洗净的玻璃罐中。

❺然后将盖子拧紧，密封7天。

❻揭开盖，取出腌渍好的花生即可。

制作指导：

选购花生时，将花生剥开观察果仁，果仁颗粒饱满，呈不同品种果实应有的颜色，并且颜色分布均匀的为优质花生。

水果泡菜

咸酸苹果

| 难易度：★☆☆ | 泡制时间：3天（适温6℃~12℃）

原料

苹果1个

调料

盐、白糖、白醋各适量

做法

❶苹果洗净去皮，切成小瓣，去核，改切厚片。

❷苹果肉放入淡盐水中浸泡片刻，捞出，装入碗中。

❸碗中加入白醋、盐、白糖。

❹再注入约150毫升的矿泉水，搅拌至白糖溶化。

❺取一个玻璃罐，倒入苹果肉，再倒入碗中的汁液，压紧实。

❻盖上盖，拧紧，置于低温阴凉处泡制3天，取出即可。

甜橙汁泡苹果

▌难易度：★☆☆ ▌泡制时间：4天（适温8℃~15℃）

🌶 原料
苹果1个，橙汁150毫升

🍲 调料
盐、白糖各适量

制作指导：

苹果用加了少许醋的清水清洗，这样不仅可以保鲜，还能起到杀菌的作用。

🍴 做法

❶苹果洗净去皮，对半切开，去除果核，改切成小瓣。

❷将苹果肉放入淡盐水中浸泡一会儿，捞出，装入碗中。

❸撒上盐，加入白糖，再倒入橙汁，拌至白糖溶化。

❹取一个干净的玻璃罐，舀入果肉，倒入碗中的汁液。

❺盖上盖，拧紧，置于低温阴凉处泡制4天，取出即可。

✖ 做法

❶苹果洗净去皮，切成小瓣，去核，放入淡盐水中浸泡片刻。

❷捞出苹果，沥干水分，装碗，加入盐、白糖。

❸倒入红椒片，拌匀，倒入约100毫升矿泉水，拌匀。

❹将拌好的材料盛入干净的玻璃罐中，倒入剩余的泡汁。

❺盖上盖，置于室温10～18℃的环境下浸泡4天，取出即可。

泡苹果

▌难易度：★☆☆ ▌泡制时间：4天（适温10℃～18℃）

🌶 **原料**
苹果2个，红椒片20克

🍲 **调料**
盐8克，白糖25克

制作指导：

选购苹果时要选择外形均匀、形状比较圆的，不要选择形状有缺陷、畸形的苹果。

泡雪梨

难易度：★☆☆ 泡制时间：5天（适温10℃～18℃）

原料
雪梨1个，姜片10克

调料
盐10克，白糖6克

做法

❶将洗净去皮的雪梨切开，去除核，改切小瓣。

❷切好的雪梨放入淡盐水中。

❸沥干水分的雪梨装碗，放入姜片，加入盐、白糖，拌匀。

❹倒入约200毫升矿泉水，拌匀。

❺将拌好的材料盛入干净的玻璃罐中，倒入剩余的泡汁。

❻盖上盖，置于室温10～18℃的环境下浸泡5天，取出即可。

制作指导：
不宜用菜刀去除雪梨皮，以免污染果肉，最好使用不锈钢的水果刀。

🍴 做法

➊ 雪梨洗净去皮，对半切开，去核，改切小瓣，装入碗中。

➋ 碗中撒入适量的白糖，倒上橙汁，拌1分钟至糖分溶化。

➌ 取一个玻璃罐，放入拌好的雪梨块，倒入碗中的汁液。

➍ 盖上盖，拧紧，置于阴凉低温处泡制5天左右。

➎ 食材泡好后夹入盘中，淋上汁液即成。

甜橙汁泡雪梨

▌难易度：★☆☆　▌泡制时间：5天（适温8℃～15℃）

🌶 原料
雪梨1个，橙汁200毫升

🍲 调料
白糖适量

制作指导：

雪梨皮不宜去得太厚，因为接近皮的果肉所含营养元素很丰富。

咸酸雪梨

难易度：★☆☆ 泡制时间：5天（适温5℃~15℃）

原料
雪梨1个

调料
盐、白醋各适量

做法

①雪梨洗净去皮，对半切开，去核，再切成小瓣。

②切好的雪梨肉装入碗中，撒上少许盐，倒入白醋。

③再注入适量矿泉水，拌至盐分溶化。

④取一个玻璃罐，放入拌好的雪梨肉，倒入碗中的汁液。

⑤盖上盖子，拧紧瓶盖，置于阴凉低温处泡制5天。

⑥取出泡制好的食材即可。

制作指导：

在清洗雪梨时，可以在其表面涂上一层牙膏，浸入温开水中洗净，最后用清水冲洗一遍即可。

酸奶味泡圣女果

难易度：★☆☆ 泡制时间：2天（适温3℃~5℃）

🌶 **原料**

圣女果300克，酸牛奶100毫升

🍲 **调料**

白醋适量，盐少许

🍴 **做法**

①洗净的圣女果放入碗中，再撒上少许盐，拌至盐分溶化。

②再淋入适量的白醋，拌匀，加入酸牛奶，拌匀。

③取一玻璃罐，放入拌好的圣女果。

④倒入碗中的汁水，再加入适量的矿泉水，没过食材。

⑤加上盖子，拧紧，再放入冰箱中冷藏约2天。

⑥取出泡制入味的圣女果即可。

制作指导：

玻璃罐要放在阴凉处储存，放在冰箱内冷藏尤佳。

❶去蒂洗净的圣女果放入碗中。

❷碗中再放入盐、白糖，拌约1分钟至糖分溶化。

❸再倒入橙汁，加入适量的矿泉水，拌匀入味。

❹取一个干净的玻璃罐，装入圣女果，倒入碗中的汁液。

甜橙味泡圣女果

 难易度：★☆☆　■泡制时间：3天（适温5℃~16℃）

🌶 原料

圣女果300克，橙汁100毫升

🍲 调料

盐少许，白糖10克

制作指导：

皮呈青色的圣女果不可食用，因为其未完全成熟，含有番茄碱，食用了会引起身体不适。

❺盖上盖，置于阴凉处泡制约3天，取出即可食用。

✂ 做法

❶苹果、雪梨均洗净去核、去皮，切片；莲藕洗净去皮，切片。

❷材料装碗，加入盐、洗净的干辣椒、白醋拌匀。

❸倒入酸梅、矿泉水、白糖、番茄酱搅拌均匀。

❹将拌好的材料放入干净的玻璃罐中，压实，倒入泡汁。

❺加盖密封，置于阴凉干燥处泡制2天即可食用。

开胃酸果

▌难易度：★☆☆ ▌泡制时间：2天（适温6℃～18℃）

🌶 原料

莲藕30克，苹果50克，雪梨60克，干辣椒3克，酸梅5克

🍲 调料

盐15克，白糖20克，白醋20毫升，番茄酱适量

制作指导：

苹果和雪梨最好先将其清洗干净后再去蒂，以免残留农药渗入果肉中，引起身体不适。

咸酸味菠萝

┃ 难易度：★ ☆ ☆ ┃ 泡制时间：4天（适温5℃～18℃）

🌶 原料

菠萝肉300克

🍲 调料

白糖7克，白醋30克，盐适量

🍴 做法

❶ 菠萝肉洗净，切开，去除硬芯，改切成小块。

❷ 切好的菠萝肉入淡盐水浸泡，捞出装碗，加入盐、白糖、白醋。

❸ 注入适量矿泉水，拌至糖分溶化。

❹ 将拌好的菠萝块转到玻璃罐中，倒入碗中的汁水，压实。

❺ 盖上盖子，拧紧，放在阴凉避光处泡制4天左右。

❻ 取出泡好的菠萝块，摆好盘即可。

制作指导：

将菠萝果皮和果刺修净，再将果肉切成块状，在稀盐水或糖水中浸泡，以去除其涩味。

泡红椒西瓜皮

难易度：★☆☆ **泡制时间：5天（适温16℃~20℃）**

🌶 原料

西瓜皮200克，干辣椒2克，花椒1克，红糖10克

🍲 调料

盐20克，白酒、生抽各适量

🍴 做法

① 将洗净的西瓜皮去除白瓤；把西瓜皮切段，改切成丝。

② 西瓜丝装碗，加入盐，放入花椒、干辣椒、红糖，拌匀。

③ 倒入少许白酒，再加入适量热水，用筷子拌匀。

④ 把拌好的材料转到玻璃罐中，倒入泡汁，再加少许生抽。

⑤ 盖上盖，置于干燥阴凉处密封5天。

⑥ 泡菜制成，取出装入盘中即可。

制作指导：

西瓜皮用清水洗净后，可先削除外面的硬皮。

做法

❶红椒洗净去蒂，切成圈；西瓜皮洗净切成丝。

❷西瓜皮装碗，加入适量盐，拌匀，用清水洗净，捞出装碗。

❸放入红椒圈，加入适量白糖、白醋，倒入矿泉水，拌匀。

❹把西瓜皮转入玻璃罐中，倒入剩余泡汁，压实。

❺盖上盖，置于阴凉干燥处泡制5天，取出即可。

泡糖醋瓜皮

| 难易度：★☆☆ | 泡制时间：5天（适温6℃~14℃）

原料

西瓜皮200克，红椒15克

调料

白醋40毫升，盐25克，白糖10克

制作指导：

西瓜皮的口味清爽，腌渍的时候可不加姜蒜之类的调料，以免掩盖原有香味。

泡糖醋香瓜

▍难易度：★★☆ ▍泡制时间：5天（适温18℃～20℃）

🌶 **原料**

香瓜300克，丁香、桂皮各少许

🍲 **调料**

盐20克，白糖20克，白醋20毫升

🍴 **做法**

❶把洗净的香瓜去皮，切成条，再改切成片。

❷取一碗，放入香瓜片，加入盐，搅拌均匀，再洗去盐分。

❸将沥干后的香瓜装入另一碗中，加入洗好的丁香、桂皮。

❹加入适量的白糖和白醋、矿泉水，搅拌均匀。

❺将拌好的香瓜装入玻璃罐中，倒入泡汁，压实压紧。

❻加盖密封，置于18～20℃的室温下浸泡约5天即成。

制作指导：

香瓜加调料搅拌时，可搅拌久一点，这样更易入味，成品口感也更均匀。

黄豆酱泡香瓜

难易度：★☆☆　　泡制时间：5天（适温18℃～20℃）

原料

香瓜500克

调料

盐15克，白糖15克，生抽、黄豆酱各适量

做法

①香瓜洗净去皮，去除籽后切小块。

②香瓜装碗，加入少许盐，搅拌均匀。

③加入黄豆酱、生抽，放入白糖。

④倒入约100毫升的清水，拌匀。

⑤将拌好的香瓜放入干净的玻璃罐中，倒入泡汁，压紧。

⑥盖上盖，置于室温18～20℃的环境下浸泡5天，取出即可。

制作指导：

因为香瓜含有特殊香味，做泡菜时，不需要香料和香料盐水，只用一般优质老盐水即可。

糖醋泡木瓜片

难易度：★☆☆ 泡制时间：5天（适温6℃~12℃）

🌶 **原料**

木瓜500克，红椒15克

🍲 **调料**

白醋50毫升，盐20克，白糖10克

🍴 **做法**

① 木瓜去皮洗净，切开去籽，改切薄片；红椒洗净切小块。

② 木瓜中加入盐，拌匀，注入清水，洗去盐分，捞出装碗。

③ 碗中倒入白醋、白糖、红椒、矿泉水，拌至白糖溶化。

④ 取一个干净的玻璃瓶，放入木瓜，倒入碗中的泡汁。

⑤ 盖上盖，拧紧，置于阴凉低温处泡制5天左右。

⑥ 取出泡好的木瓜片即可。

制作指导：

木瓜切成片后也可以浸入加有少许白醋的清水中泡一会儿，能去除其涩味。

泡柚子

难易度：★ ☆ ☆　｜　泡制时间：3天（适温5℃～10℃）

🌶 **原料**

柚子500克

🍲 **调料**

白糖15克，白酒30毫升

制作指导：

品质优良的柚子若刺破果面油胞，其气味的刺激性不大，而且这样的果实风味香甜。

🍴 **做法**

❶ 将洗净的柚子去皮，再掰成一瓣一瓣的果肉。

❷ 把掰下来的果肉放入碗中，加入白糖、白酒，倒入约250毫升的矿泉水，拌匀。

❸ 将拌好的柚子果肉盛入玻璃罐中。

❹ 再倒入碗中剩余的泡汁。

❺ 盖上盖，密封严实，置于室温5～10℃的环境下浸泡3天，取出即可。

地方风味泡菜

太原酸味泡菜

▌难易度：★☆☆ ▌泡制时间：7天（适温6℃~15℃）

🌶 原料

白菜200克，白萝卜100克，黄瓜80克，红椒20克，大蒜15克

🍲 调料

醋50毫升，盐25克，白酒15毫升，白糖10克

🍴 做法

①白萝卜去皮切条；红椒去蒂切丁；黄瓜去瓤切段；白菜切条。

②白菜装入碗，加入盐、白糖、白酒、醋、温开水，拌匀。

③倒入黄瓜、白萝卜、红椒丁、大蒜，拌匀。

④把拌好的食材装入泡菜罐中，倒入余下的泡汁。

⑤盖紧盖，置于阴凉干燥处密封7天。

⑥将腌好的泡菜取出即可。

❶胡萝卜、白萝卜均去皮洗净，切段。

❷锅中注水烧热，倒入胡萝卜和白萝卜，焯熟，捞出装碗。

❸加入干辣椒、蒜头、泡椒、泡椒汁、200毫升温水、盐、白糖，拌匀。

❹将拌好的材料连汤汁一起盛入玻璃罐中，加盖密封，置于阴凉处浸泡1天。

❺泡菜制成后，取出即可食用。

西北泡菜

▎难易度：★★☆ ▎泡制时间：1天（适温18℃~23℃）

🌶 原料

白萝卜150克，泡椒汁150毫升，胡萝卜80克，泡椒30克，蒜头5克，干辣椒适量

🍲 调料

盐15克，白糖少许

制作指导：

制作此泡菜时，刀工很关键，萝卜块的大小要适中，小了不够爽脆，太大不易入味。

河南泡菜

■ 难易度：★☆☆ ■ 泡制时间：5天（适温10℃~20℃）

🌶 **原料**

黄瓜100克，胡萝卜80克，圆白菜150克，青椒45克

🍲 **调料**

盐25克，白糖10克，白醋30毫升

🍴 **做法**

①黄瓜洗净切片；胡萝卜去皮切片；青椒切段；圆白菜洗净切片。

②将圆白菜装碗，加入盐、白糖、青椒、黄瓜、胡萝卜，拌匀。

③倒入白醋，再倒入约500毫升矿泉水，用筷子拌匀。

④将拌好的材料与汁液一起盛入罐中，压紧压实。

⑤加盖密封，置于阴凉处浸泡5天。

⑥将腌渍好的泡菜取出，装盘即可。

制作指导：

食用时，可加入少许芝麻油拌匀，这样会让泡菜味道更好。

① 白萝卜去皮洗净，切小块。

② 将白萝卜装碗，加入盐拌匀，挤出水分，注入凉开水，洗去盐分，放入碗中。

③ 碗中放入甜面酱、生抽、白糖，注入适量矿泉水，拌匀。

④ 取玻璃罐，盛入白萝卜，倒入余下的汁液，盖好盖，置于低温阴凉处泡制5天。

⑤ 取出腌好的泡菜，摆好盘即可。

扬州酱泡萝卜头

| 难易度：★★☆ | 泡制时间：5天（适温7℃～14℃）

原料

白萝卜450克

调料

甜面酱、盐各20克，生抽10毫升，白糖少许

制作指导：

白萝卜本身有甜味，放入白糖只是起中和味道的作用，所以用量不宜过多。

✖️ 做法

① 韭菜、白菜均洗净切段。

② 锅中注入2000毫升清水烧开，加入盐，倒入白菜，拌匀，煮至两成熟，捞出。

③ 将白菜盛入碗，加入辣椒酱、盐、白糖、韭菜，拌匀。

④ 将拌好的材料装入洗净的玻璃罐中，加盖密封，置于阴凉干燥处泡制2天。

⑤ 泡菜制成，取出，盛入盘内即可。

鲁味甜辣泡菜

▎难易度：★☆☆ ▎泡制时间：2天（适温16℃~20℃）

🌶️ 原料

白菜300克，韭菜150克

🍲 调料

盐25克，辣椒酱30克，白糖20克

制作指导：

选购韭菜时，如果韭菜已经长出芯了，则不宜购买。

川椒泡豆角

| 难易度：★☆☆ | 泡制时间：7天（适温8℃~16℃） |

🌶 原料

豆角100克，泡椒20克，红椒片、姜丝、蒜片各15克

🍲 调料

白醋30毫升，盐20克，白酒10毫升，白糖8克

🍴 做法

❶豆角洗净切段。

❷豆角倒入碗，放入姜丝、蒜片、红椒片、泡椒，加入盐。

❸淋入白醋、白酒，放入适量矿泉水、白糖，拌至白糖溶化。

❹取一个干净的玻璃瓶，盛入拌好的食材，舀入汤汁。

❺盖紧瓶盖，置于阴凉干燥处泡制7天，取出泡好的泡菜。

❻将泡菜装入盘中，摆好盘即可。

制作指导：

豆角以籽粒饱满的为佳，而有裂口、皮皱、条过细无籽、表皮有虫痕的豆角则不宜购买。

泡川味红葱头

难易度：★☆☆ ▏泡制时间：10天（适温18℃~22℃）

🌶 原料

红葱头300克，干辣椒2克，花椒1克

🍲 调料

盐15克，白酒10毫升

🍴 做法

❶将去皮洗净的红葱头盛入碗中，加入盐，用筷子拌匀。

❷倒入白酒拌匀，加入干辣椒、花椒，快速拌匀。

❸注入约300毫升矿泉水拌匀。

❹将材料装入洗净的玻璃罐中。

❺拧紧盖子，置于阴凉干燥处，浸泡10天左右。

❻泡菜制成，取出，盛入盘内即可。

制作指导：

泡制红葱头前可以先用刀背将其稍稍拍扁，这样可以缩短泡制的时间，而且更易入味。

做法

① 竹笋去皮洗净，切成片。

② 锅中注水烧开，倒入竹笋，煮2分钟至熟，捞出。

③ 竹笋盛入碗中，倒入洗好的干辣椒、花椒、红糖、盐、300毫升矿泉水，拌匀。

④ 竹笋盛入玻璃罐，倒入余下泡汁，加盖，置于室内阴凉处泡制7天。

⑤ 泡菜制成，揭开盖，取出，装入盘中即可。

川椒竹笋泡菜

▌难易度：★☆☆ ▌泡制时间：7天（适温18℃~20℃）

原料

竹笋80克，干辣椒、花椒各1克

调料

盐3克，红糖10克

制作指导：

竹笋煮好后立即用清水冲洗，可减轻竹笋的苦涩味。

做法

① 藠头洗净，装入碗中，加入备好的盐、白酒、红糖。

② 倒入适量白醋，搅拌均匀，使红糖完全溶化。

③ 把拌好的藠头夹入玻璃罐中，再倒入碗中剩余的泡汁。

④ 盖上盖，拧紧密封，置于室内阴凉处，腌渍7天。

⑤ 揭开盖，将腌好的泡菜取出即可。

酒香藠头泡菜

▌难易度：★☆☆　▌泡制时间：7天（适温6℃~10℃）

原料
藠头120克

调料
白醋30毫升，盐10克，白酒10毫升，红糖8克

制作指导：

腌渍此泡菜时可以放入少许白糖一起搅拌均匀，这样可使成品的味道更好。

醉豆

难易度：★ ☆ ☆ 　泡制时间：10小时（适温8℃～13℃）

🌶 **原料**

水发黄豆300克，红尖椒35克，生姜15克

🍲 **调料**

盐3克，鸡粉少许，白酒12毫升，芝麻油适量

🍴 **做法**

❶去皮洗净的生姜切成块；洗好的红尖椒切段。

❷取出榨汁机，倒入红尖椒、生姜，榨出汁水。

❸倒出辣椒汁，装入味碟中。

❹锅中注水烧热，倒入洗净的黄豆，煮至熟软，捞出。

❺取玻璃罐，盛入黄豆、辣椒汁、白酒、盐、鸡粉、芝麻油，拌匀。

❻盖上盖，扣紧，置于9℃左右的环境中浸泡约10小时即可。

制作指导：

黄豆一定要煮熟透，这样浸泡时才更易入味。购买黄豆时观其颜色，颜色明亮有光泽的是好黄豆。

异域风味泡菜

朝鲜素泡白菜

❙ 难易度：★★☆ ❙ 泡制时间：3天（适温16℃～22℃）

🌶 原料

白菜200克，白萝卜250克，红椒20克，大蒜10克

🍲 调料

盐15克，白酒10毫升

🍴 做法

❶去皮洗净的白萝卜切片；洗好的白菜切条；洗净的红椒切片。

❷将白菜盛入大碗中，加入洗好的大蒜、红椒。

❸舀入适量盐，倒入热水，搅拌均匀，烫洗片刻。

❹把白萝卜倒入白菜中，加入少许白酒，搅拌均匀。

❺把拌好的白菜装入干净的玻璃罐中，压紧压实。

❻盖上盖，置于干燥阴凉处腌渍3天，将腌好的泡菜取出即可。

韩式韭菜泡菜

| 难易度：★ ☆ ☆ | 泡制时间：2天（适温2℃～9℃）

🌶 **原料**

韭菜200克，洋葱30克，生姜15克，大蒜10克

🍲 **调料**

盐5克，白糖8克，辣椒面10克，鱼露适量

🍴 **做法**

❶大蒜去皮洗净，剁末；生姜洗净剁末；洋葱洗净切末。

❷锅中注水烧开。

❸韭菜洗净，倒入烧开的水中烫熟，取出，装入另一碗中。

❹加部分辣椒面、生姜末、大蒜末、鱼露、洋葱末、白糖、盐，拌匀。

❺将韭菜盘成结，装入盘中。

❻撒上剩余辣椒面、姜末、蒜末，盖保鲜膜，入冰箱冷藏2天即可。

制作指导：

用开水烫韭菜的时间不宜太长，否则韭菜烫得过熟会失去其脆嫩的特点，吃起来口感欠佳。

做法

❶白菜洗净切条；大葱洗净切斜段；去皮白萝卜、雪梨、苹果切片。

❷将白菜装碗，加入味精、盐、温开水、白萝卜、大蒜。

❸加入辣椒面、大葱、雪梨、苹果、白酒，拌匀。

❹把所有材料与汤汁一起装入玻璃罐，压紧，盖紧盖，置于干燥阴凉处泡制1天。

❺揭开盖，取出腌好的泡菜即可。

朝鲜素泡什锦

▌难易度：★★☆ ▌泡制时间：1天（适温12℃~18℃）

🌶 原料

白菜180克，白萝卜160克，雪梨60克，苹果50克，大葱50克，大蒜10克

🍲 调料

盐15克，白酒15毫升，味精5克，辣椒面8克

制作指导：

葱叶富含维生素A原，在制作泡菜的时候不应轻易丢弃。

韩式白菜泡菜

难易度：★★☆ 泡制时间：1天（适温16℃~20℃）

🌶 原料

白菜250克，水发小鱼干20克，红椒圈20克，蒜梗10克，生姜15克

🍲 调料

盐、味精、白糖各15克，粗盐20克，辣椒粉、辣椒面各10克，虾酱适量

🍴 做法

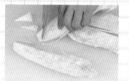

①白菜洗净切条。

②生姜、部分红椒圈、蒜梗剁成末，制成配料。

③白菜焯水捞出，用粗盐腌渍1天。

④鱼干煮熟，加虾酱、辣椒面、辣椒粉、盐、糖、味精拌匀盛出。

⑤白菜装碗，加入红椒圈、泡汁，拌匀腌渍1天。

⑥盛出装盘即可。

制作指导：

选购白菜的时候，要看根部切口是否新鲜水嫩，切口新鲜的，则表明白菜是新鲜的。

✕ 做法

❶黄瓜洗净切段，划上
花刀；韭菜洗净切段；
姜片、蒜头剁成末。

❷姜蒜加辣椒面、辣椒
粉、虾酱、辣椒酱、水、
盐、生抽、白糖拌成汁。

❸韭菜装入碗中，加
入盐抓匀，用热水浸
泡50分钟。

❹黄瓜放入沸水锅中
煮沸捞出，入凉开水
中浸泡，滤出装碗。

❺加入韭菜，倒入泡
汁，拌匀，盛出装盘
即可。

韩式辣味泡菜

▌难易度：★★☆ ▌泡制时间：1小时（适温16℃~20℃）

🌶 原料

黄瓜300克，韭菜20克，姜片7克，蒜
头5克

🍲 调料

盐10克，生抽10毫升，虾酱15克，白
糖、辣椒酱、辣椒粉、辣椒面各适量

制作指导：

煮过的黄瓜最好迅速过
凉开水，这样能保证其
爽脆口感。

西式泡菜

难易度：★★☆　｜　泡制时间：2天（适温16℃～22℃）

原料

圆白菜150克，花菜130克，黄瓜100克，胡萝卜80克，芹菜50克，青椒20克，葱白、丁香、干辣椒、桂皮、黑胡椒各适量

调料

白醋30毫升，盐15克，白酒10毫升，白糖10克

做法

 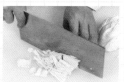  

❶洗净的青椒切片；洗好的芹菜切段；洗净的黄瓜切条。

❷去皮洗好的胡萝卜切条；洗净的花菜切块；洗净的圆白菜切丝。

❸锅中倒水烧开，倒入胡萝卜、花菜，煮2分钟，盛入大碗中。

❹加圆白菜、黄瓜、青椒、芹菜、葱、丁香、桂皮、干辣椒、黑胡椒。

❺再放入盐、白糖、白醋、白酒、温水，搅拌均匀。

❻把拌好的材料装入玻璃罐，压实，盖上盖，密封2天即可。

制作指导：

制作泡菜的关键是忌沾油、忌细菌，所以泡菜坛要先清洗晾干后再用。

🍴 **做法**

❶ 海带洗净切块；白菜洗净切丁。

❷ 将白菜装入碗中，加入盐，拌匀，挤出水分，沥干水分后装入另一个碗中。

❸ 倒入海带、干辣椒、盐、白酒、矿泉水，拌匀至入味。

❹ 取玻璃瓶，盛入白菜，倒入碗中汁液，盖好盖，置于低温阴凉处泡制约4天。

❺ 取出腌好的泡菜，摆好盘即成。

日式辣白菜

▮ 难易度：★☆☆　▮ 泡制时间：4天（适温7℃～14℃）

🌶 **原料**

白菜300克，海带100克，干辣椒少许

🍲 **调料**

盐25克，白酒15毫升

制作指导：

泡制白菜前，可以先把白菜放入沸水锅中焯一下水，这样能缩短泡制的时间。

214　下厨必备的泡菜制作分步图解

芥末渍莲藕

| 难易度：★★☆ | 泡制时间：1天（适温16℃～20℃）

原料
莲藕300克，红椒15克

调料
芥末20克，盐9克，生抽、鸡粉、白醋各适量

做法

❶莲藕去皮洗净，切片，入水浸泡；红椒洗净去蒂，切圈。

❷锅中注水烧开，加入白醋、盐，倒入藕片，煮熟捞出。

❸放入凉开水中浸泡一会儿，再滤出装入碗中。

❹碗中加入盐、生抽、鸡粉、芥末、红椒，拌匀。

❺将拌好的食材装入玻璃罐，压紧，盖紧盖，在室温下密封1天。

❻揭开盖，将泡菜取出即可。

制作指导：

选购莲藕时，注意看藕节之间的距离，藕节之间的间距越大，则代表莲藕的成熟度越高，口感更好。

芥末白菜

难易度：★★☆ 泡制时间：1天（适温7℃~14℃）

🌶 原料

白菜嫩叶30克，芥末适量，红椒圈少许

🍲 调料

白醋4毫升，盐2克，白糖3克

🍴 做法

①取一个干净的小碟，放入芥末，倒入白醋，调匀。

②再加入少许盐、白糖，搅拌均匀，调成酱汁。

③锅中注水烧开，放入洗净的白菜叶，略煮，至其断生。

④将焯煮好的白菜捞出，沥干水分，过凉水后放入盘中。

⑤将白菜放入碗中，在白菜叶上浇调好的酱汁。

⑥放上红椒圈，置于阴凉干燥处，腌渍1天至入味，装盘即可。

制作指导：

腌渍白菜时最好包上一层保鲜膜，以免变质。

做法

① 胡萝卜去皮切片；红椒、青椒切块；花菜掰小瓣；白菜切块。

② 沸水锅倒入花菜、白菜、胡萝卜、红椒、青椒略煮捞出。

③ 将食材装碗，加入盐、咖喱粉、白醋、干辣椒、矿泉水，拌匀。

④ 将材料盛入玻璃罐中压紧，倒入剩余泡汁，盖紧盖，浸泡1天。

⑤ 打开盖，将腌好的泡菜取出，装入盘中即可。

咖喱泡菜

| 难易度：★★☆ | 泡制时间：1天（适温16℃～20℃）

原料

白菜200克，花菜300克，胡萝卜50克，青椒、红椒各15克，咖喱粉10克，干辣椒2克

调料

盐8克，白醋20毫升

制作指导：

材料焯水的时间不可太长，否则会影响其爽脆的口感。

① 花生入锅炒熟，盛出；洗净的白芝麻入锅炒香，盛出。

② 花生去红衣，切末；黄瓜洗净切条，装碗，加盐腌渍。

③ 用清水将黄瓜洗净，捞出，沥干水分，装入碗中。

④ 加入芝麻酱、花生末、白芝麻、辣椒面、生抽、白糖，拌至调料均匀裹在黄瓜上。

⑤ 将拌好的黄瓜盛出装盘即成。

芝香泡菜

▌难易度：★★☆ ▌泡制时间：10分钟（适温16℃~20℃）

🌶 原料

黄瓜300克，花生15克，白芝麻3克

🍲 调料

盐15克，芝麻酱20克，生抽15毫升，白糖20克，辣椒面4克

制作指导：

购买黄瓜时，可以用手掂一掂重量，相同大小的黄瓜应选重一些的。

PART 4
泡菜做出美味菜

　　泡菜是一种制作简单，而且极具发挥空间的食材，既可以作为饭桌上的佐餐小菜，又可以作为食材入菜烹制，可谓既好吃、助消化，又具有新意。酸辣爽脆的泡菜美味菜，一直都是餐桌上的小明星，即便一碗白饭，加上美味的泡菜菜肴，也是滋味无穷，回味悠长。那么，如何用泡菜做出诱人的美味菜肴呢？本章将奉上各式各样的美味泡菜菜肴，让你的泡菜也可以滋味美美，花样繁多！

开胃菜肴

泡菜五花肉

难易度：★☆☆ | 烹饪时间：4分钟

🌶 原料

泡萝卜250克，小米椒80克，五花肉200克，蒜苗、干辣椒段、蒜末各少许

🍲 调料

辣椒酱25克，盐、味精各少许，老抽、食用油各适量

🍴 做法

❶洗净的泡萝卜切成片；洗好的五花肉切成片。

❷洗净的蒜苗斜切成段，备用。

❸炒锅注油烧热，放入五花肉煸炒至出油，加入老抽炒匀。

❹倒入蒜末、洗好的小米椒、干辣椒段、泡萝卜，炒至熟软。

❺加入盐、味精调味，放入辣椒酱，翻炒至入味。

❻倒入蒜苗，翻炒至食材熟透，出锅装盘即成。

① 锅中注水，放入洗好的五花肉，加入姜块、葱段、盐，焖煮15分钟，捞出。

② 酸菜洗净切丝；五花肉切薄片。

③ 炒锅倒油烧热，爆香姜片、葱段、花椒、八角。

④ 放入酸白菜，倒入高汤，再倒入五花肉，炒匀。

⑤ 加入鸡粉、盐，煮至入味，盛出，撒上葱花即可。

酸菜白肉

▌ 难易度：★☆☆ ▌ 烹饪时间：3分钟

🌶 原料

东北酸白菜150克，五花肉185克，高汤1000毫升，八角、花椒、姜块、姜片、葱段、葱花各少许

🍲 调料

盐5克，鸡粉2克，食用油少许

制作指导：

氽过水的五花肉可以用刀压一下，让多余的油脂流出来，这样既可保持口感，也不会发胖。

泡芦笋炒肉片

难易度：★☆☆　　烹饪时间：3分钟

原料

泡芦笋150克，五花肉100克，姜片、蒜末、葱白各少许

调料

水淀粉8毫升，芝麻油、盐、老抽、白糖、料酒、食用油各适量

做法

①洗净的五花肉切薄片，装入盘中。

②起油锅，倒入五花肉炒至出油，加入盐、老抽，拌炒匀。

③放入葱白、姜片、蒜末，炒香，放入泡芦笋，翻炒均匀。

④再加入适量白糖、料酒，炒匀调味。

⑤倒入适量水淀粉勾芡，淋入少许芝麻油，拌炒均匀。

⑥将锅中食材盛出装盘即可。

制作指导：

五花肉先用沸水汆烫一下，然后放入冰箱冻硬，再切成薄片，这样炒制出来的肉片看上去更美观。

酸板栗焖排骨

■ 难易度：★☆☆　■ 烹饪时间：18分钟

🌶 原料

排骨500克，泡板栗300克，葱白、姜片、蒜末各少许

🍲 调料

盐、料酒、白糖、鸡粉、生粉、味精、水淀粉、芝麻油、生抽、蚝油、食用油各适量

制作指导：

焖煮排骨时加入白醋，不仅更易熟，还可使排骨中的钙、磷等物质溶解出来，利于人体吸收。

🍴 做法

❶ 洗净斩块的排骨装入碗，加盐、味精、料酒、生抽、生粉腌渍。

❷ 热锅注油，烧热，倒入排骨滑油至断生，捞出。

❸ 锅留油，爆香姜片、蒜末、葱白，下排骨、料酒、泡板栗炒匀。

❹ 调入盐、味精、白糖、清水、蚝油、鸡粉，焖15分钟。

❺ 倒入适量水淀粉、芝麻油，炒匀，盛出即可。

酸萝卜肥肠煲

▌难易度：★☆☆ ▌烹饪时间：3分钟

🌶 原料

肥肠200克，酸萝卜200克，红椒25克，姜片、蒜末、葱段各少许

🍲 调料

豆瓣酱、番茄酱、盐、料酒、水淀粉、食用油各适量

🍴 做法

① 肥肠洗净切小块；红椒洗净切圈；酸萝卜洗净切小块。

② 锅中注水烧开，倒入肥肠，焯水捞出。

③ 起油锅，爆香姜片、蒜末、葱段，放入红椒圈、肥肠、料酒。

④ 放入豆瓣酱、番茄酱、酸萝卜，炒匀。

⑤ 注水，加盐调味，倒入水淀粉勾芡，盛入砂煲中。

⑥ 将砂煲置于火上，用大火煮至入味，取下即可。

制作指导：

淋入料酒后宜选用大火翻炒，以便酒味迅速散发，中和肥肠的腥味。

泡黄豆焖猪皮

| 难易度：★☆☆ | 烹饪时间：3分钟

🌶️ 原料

泡黄豆150克，熟猪皮200克，红椒片、姜片、蒜末、葱白各少许

🍲 调料

食用油30毫升，盐3克，味精、料酒、生抽、水淀粉、老抽各适量

制作指导：

猪皮要仔细刮干净猪毛，洗干净，这样食用更卫生健康。

🍴 做法

❶ 将洗净的猪皮先切成条，再切成丁。

❷ 锅中倒油烧热，倒入猪皮，炒出油，加入老抽炒匀上色。

❸ 倒入红椒、姜片、蒜末、葱白炒香，倒入黄豆炒约1分钟。

❹ 加入盐、味精、料酒炒入味，注入清水，加入生抽炒匀，煮片刻。

❺ 加入少许水淀粉勾芡，淋入少许熟油炒匀，盛入盘内即可。

泡椒爆猪肝

▌难易度：★☆☆ ▌烹饪时间：2分钟

🌶 原料

猪肝200克，水发木耳80克，胡萝卜60克，青椒20克，泡椒15克，姜片、蒜末、葱段各少许

🍲 调料

盐、鸡粉、料酒、豆瓣酱、水淀粉、食用油各适量

🍴 做法

❶木耳、青椒均洗净切块；胡萝卜洗净去皮，切片；泡椒切半。

❷猪肝治净切片，用盐、鸡粉、料酒、水淀粉腌渍。

❸水烧开，放入盐、食用油、木耳、胡萝卜，煮半分钟捞出。

❹起油锅，放入姜片、葱段、蒜末、猪肝、料酒，炒透。

❺放入豆瓣酱、木耳、胡萝卜、青椒、泡椒、炒匀。

❻调入适量水淀粉、盐、鸡粉炒匀，盛出即可。

制作指导：

购买猪肝时，有的猪肝表面如有菜籽大小的小白点，则要把白点割掉后食用，如果白点太多就不要购买。

酸笋牛肉

难易度：★☆☆ | 烹饪时间：2分钟

🌶 原料

酸笋120克，牛肉100克，红椒10克，姜片、蒜末、葱段各少许

🍲 调料

豆瓣酱5克，盐4克，鸡粉2克，小苏打少许，生抽、料酒各3毫升，水淀粉、食用油各适量

🍴 做法

❶酸笋洗净切片；红椒洗净切块；牛肉洗净切片。

❷牛肉片装碗，用小苏打、生抽、盐、鸡粉、水淀粉、食用油腌渍。

❸锅中注水烧开，放入酸笋片焯水。

❹起油锅，放入姜片、蒜末、牛肉片、料酒翻炒。

❺加入酸笋片、红椒块、鸡粉、盐、豆瓣酱炒匀。

❻放入水淀粉、葱段炒匀即可。

制作指导：

牛肉片先拍打后再腌渍，翻炒时更容易保持其肉质的韧性。选购牛肉时注意选表面有光泽，红色均匀的。

香瓜酸汤鸡

┃难易度：★☆☆ ┃烹饪时间：7分钟

🌶 **原料**

鸡肉200克，泡香瓜150克，姜片、葱花、葱白各少许

🍲 **调料**

盐3克，鸡粉、食用油、料酒、水淀粉各适量

🍴 **做法**

❶鸡肉洗净斩小块。

❷将鸡块装入碗，加入盐、鸡粉、料酒、食用油，拌匀腌渍。

❸起油锅，爆香姜片、葱白，倒入鸡块，炒至转色。

❹淋入料酒，炒香，倒入适量清水。

❺加入泡香瓜，烧开后转小火煮5分钟，加水淀粉勾芡。

❻撒入葱花炒匀，拌煮片刻，关火后盛出，装入盘中即可。

制作指导：

鸡肉拌好调料后，可多腌一会儿使其入味。新鲜的鸡肉肉质紧密，颜色呈干净的粉红色而有光泽。

米椒酸汤鸡

▌难易度：★☆☆ ▌烹饪时间：12分钟

原料

鸡肉300克，酸笋150克，米椒40克，红椒15克，蒜末、姜片、葱白各少许

调料

盐5克，鸡粉3克，辣椒油、白醋、生抽、料酒各适量

做法

❶米椒切碎；红椒洗净切圈；鸡肉洗净斩块；酸笋切片。

❷锅中注水烧开，倒入笋片，煮沸后捞出，备用。

❸起油锅，爆香姜片、葱白、蒜末。

❹倒入鸡块，翻炒匀，淋入料酒，加入酸笋炒匀。

❺放入米椒、红椒圈一起炒。

❻加水、辣椒油、白醋、盐、鸡粉、生抽，煮10分钟，盛出即可。

制作指导：

在鸡皮和鸡肉之间有一层薄膜，它在保持肉质水分的同时也防止了脂肪的外溢。因此，最好在烹饪后去皮。

🍴 做法

❶锅中注水烧开，倒入鸡脆骨、料酒、盐，氽去血水，捞出。

❷起油锅，下入姜片、葱段、蒜末，大火爆香。

❸放入鸡脆骨，加入料酒、生抽、老抽，炒香、炒透。

❹倒入备好的泡小米椒，放入豆瓣酱，炒出香辣味。

❺加入盐、鸡粉、清水，炒匀，倒入水淀粉勾芡，盛出即可。

泡椒鸡脆骨

■ 难易度：★☆☆　　■ 烹饪时间：3分钟

🌶 原料

鸡脆骨120克，泡小米椒30克，姜片、蒜末、葱段各少许

🍲 调料

料酒5毫升，盐2克，生抽、老抽、豆瓣酱、鸡粉、水淀粉、食用油各适量

制作指导：

将泡椒切开后再烹制，这样可以使鸡脆骨更易入味。

泡豆角炒鸡柳

▌难易度：★☆☆　▌烹饪时间：5分钟

🌶 原料

泡豆角70克，鸡胸肉200克，青椒、红椒各15克，蒜末、葱白各少许

🍲 调料

盐3克，味精2克，料酒、食用油、水淀粉各适量

🍴 做法

❶青椒、红椒均洗净切成条；鸡肉洗净切成条。

❷鸡肉条装入碗，加入盐、味精、水淀粉、食用油，拌匀腌渍。

❸起油锅，倒入鸡肉，滑油捞出。

❹锅底留油，爆香蒜末、葱白，倒入青椒、红椒，炒匀。

❺放入洗净的泡豆角、鸡肉，炒匀。

❻调入料酒、味精、盐，用水淀粉勾芡，下热油炒匀，盛出即可。

制作指导：

如果自己制作泡豆角，应选用色泽好、大小一致、无虫蛀的新鲜嫩豆角，表皮有虫痕的豆角则不宜购买。

酸笋炒鸡胗

难易度：★☆☆ 烹饪时间：5分钟

原料

酸笋200克，处理好的鸡胗80克，青椒片、红椒片、姜片、蒜末、葱白各少许

调料

料酒、盐、味精、生粉、蚝油、老抽、水淀粉、食用油各适量

做法

①酸笋、鸡胗均切成薄片。

②鸡胗用料酒、盐、味精、生粉腌渍。

③热锅注水，倒入酸笋，煮沸捞出，再倒入鸡胗，煮沸捞出。

④起油锅，倒入姜片、蒜末、葱白、鸡胗，炒匀。

⑤放入蚝油、老抽、料酒、酸笋炒熟。

⑥加入青椒、红椒、盐、味精、水淀粉、熟油，炒匀，盛出即可。

制作指导：

开始煸炒酸笋时一定要用小火，如果用猛火，酸笋外表干了，里面没干，会影响口感。

泡鸡胗炒豆角

难易度：★☆☆ | **烹饪时间：2分钟**

🌶 原料

豆角150克，泡鸡胗70克，姜片、蒜末、葱白、红椒丝各少许

🍲 调料

盐5克，白糖、蚝油、料酒、味精、水淀粉、食用油各适量

制作指导：

豆角入锅焯煮的时间不宜过长，以免影响豆角的脆嫩口感。

🍴 做法

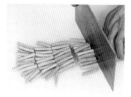

❶豆角洗净，切成小段，备用。

❷锅中注水烧开，加入食用油、盐，倒入豆角，煮约1分钟，至其断生，捞出。

❸炒锅注油烧热，下姜片、蒜末、葱白、红椒丝爆香。

❹倒入泡鸡胗炒匀，淋入料酒炒香，再倒入焯煮好的豆角。

❺加入盐、味精、白糖、蚝油，炒匀，用水淀粉勾芡即成。

✗ 做法

❶处理好的酸豆角切成段；朝天椒洗净切成圈。

❷沸水锅倒入酸豆角，焯水捞出；鸭肉入沸水锅中，氽水捞出。

❸起油锅，爆香葱段、姜片、蒜末、朝天椒，倒入鸭肉，炒匀。

❹加料酒、豆瓣酱、生抽、清水、酸豆角、盐、鸡粉、白糖炒匀。

❺小火焖20分钟，倒入水淀粉勾芡，盛出，放入葱段即可。

酸豆角炒鸭肉

▌难易度：★☆☆　　▌烹饪时间：23分钟

🌶 原料

鸭肉500克，酸豆角180克，朝天椒40克，姜片、蒜末、葱段各少许

🍲 调料

盐3克，鸡粉3克，白糖4克，料酒10毫升，生抽5毫升，水淀粉5毫升，豆瓣酱10克，食用油适量

制作指导：

鸭块在氽水时加入料酒、姜片，能有效地去除腥味。

泡椒炒鸭肉

■ 难易度：★ ☆ ☆ ■ 烹饪时间：6分钟

🌶 原料

鸭肉200克，灯笼泡椒60克，泡小米椒40克，姜片、蒜末、葱段各少许

🍲 调料

豆瓣酱10克，盐3克，鸡粉2克，生抽少许，料酒5毫升，水淀粉、食用油各适量

🍴 做法

❶ 灯笼泡椒切块；泡小米椒切段；鸭肉洗净切块。

❷ 鸭肉块用生抽、盐、鸡粉、料酒、水淀粉腌渍。

❸ 锅中注入适量水烧开，倒入鸭肉块汆水，捞出。

❹ 起油锅，放入鸭肉块、蒜末、姜片、料酒、生抽炒匀。

❺ 倒入泡小米椒、灯笼泡椒、豆瓣酱、鸡粉炒匀，注水焖熟。

❻ 用水淀粉勾芡，盛出后撒葱段即成。

制作指导：

将切好的灯笼泡椒和泡小米椒浸入清水中泡一会儿再使用，辛辣的味道会减轻一些。

⚔ **做法**

❶洗净去皮的生姜切片，备用。

❷锅中注入适量清水烧开，倒入洗净的鸭肉块，淋入料酒，汆去血水，捞出。

❸砂锅中注水烧开，放入洗净的花椒、鸭肉块、姜片、料酒，拌匀。

❹煮沸后炖煮40分钟，倒入酸萝卜续煮约20分钟至熟透。

❺加入盐、鸡粉调味，盛出，装入碗中即成。

酸萝卜老鸭汤

▌难易度：★☆☆　　▌烹饪时间：62分钟

🌶 **原料**

老鸭肉块500克，酸萝卜200克，生姜40克，花椒10克

🍲 **调料**

盐3克，鸡粉2克，料酒8毫升

制作指导：

将酸萝卜放入清水中泡一会儿，这样能减轻其酸味。

韭菜花酸豆角炒鸭胗

难易度：★☆☆ | **烹饪时间：3分钟**

🌶️ 原料

鸭胗150克，酸豆角110克，韭菜花105克，油炸花生米70克，干辣椒20克

🍲 调料

料酒10毫升，生抽5毫升，盐2克，鸡粉2克，辣椒油5毫升，食用油适量

🍴 做法

❶将洗好的韭菜花切成段；酸豆角洗净切成段。

❷花生米拍碎；处理好的鸭胗切成粒。

❸锅中注水烧开，倒入鸭胗、料酒，氽煮片刻，捞出，沥干水分。

❹热锅中注油，下入干辣椒爆香，倒入鸭胗、酸豆角，炒匀。

❺放入料酒、生抽、花生碎、韭菜花、盐、鸡粉、辣椒油，拌匀。

❻关火后盛出，装入盘中即可。

制作指导：

切好的酸豆角可以用温水泡一下，以免影响口感。

🍴 **做法**

❶酸萝卜洗净切条；彩椒洗净切条；鸭心洗净，去除油脂，切片。

❷鸭心装碗，加入盐、料酒、水淀粉拌匀，腌渍10分钟。

❸锅中注水烧开，倒入酸萝卜、彩椒、食用油，焯水捞出。

❹起油锅，倒入鸭心炒匀，加入料酒、葱段、酸萝卜、彩椒炒匀。

❺加入白糖、鸡粉，炒匀调味，关火后盛出，装入盘中即可。

酸萝卜炒鸭心

▌难易度：★☆☆　　▌烹饪时间：3分钟

🌶 **原料**

鸭心180克，酸萝卜200克，彩椒20克，葱段少许

🍲 **调料**

盐、鸡粉、白糖各2克，料酒、水淀粉各少许，食用油适量

制作指导：

鸭心可以先用牛奶浸泡一会儿再炒，能使其更鲜嫩。

酸菜小黄鱼

难易度：★☆☆ **烹饪时间：4分钟**

原料

黄鱼400克，灯笼泡椒20克，酸菜50克，姜片、蒜末、葱段各少许

调料

生抽5毫升，生粉15克，豆瓣酱15克，盐2克，鸡粉2克，辣椒油5毫升，食用油适量

做法

❶酸菜剁碎；灯笼泡椒切小块。

❷处理干净的黄鱼装盘，用盐、生抽、生粉抹匀。

❸起油锅，放入黄鱼炸至金黄色，捞出。

❹锅底留油，爆香蒜末、姜片，倒入酸菜、灯笼泡椒炒匀。

❺加入水、豆瓣酱、盐、鸡粉、辣椒油炒匀，煮沸，放入黄鱼。

❻煮至入味，盛出，放入葱段即可。

制作指导：

炸黄鱼的时候油温要高，这样炸的时候鱼皮才不容易破。选购黄鱼时可观察其外表，新鲜的黄鱼鳞片完整有光泽。

🍴 做法

❶黄鱼装入盘中,加入盐、白酒、生粉腌渍入味。

❷起油锅,放入黄鱼炸至金黄色,捞出。

❸锅底留油,放入姜片、蒜片、葱段、泡菜,炒匀,加入白酒、清水,煮沸。

❹加味精、盐、白糖、老抽、豆瓣酱拌匀,下黄鱼煮入味,装盘。

❺烧开锅中汤汁,倒水淀粉勾芡,调成稠汁,浇在鱼上即成。

泡菜焖黄鱼

▌难易度: ★☆☆　　▌烹饪时间:4分钟

🌶 原料

泡菜80克,净黄鱼1条,姜片、蒜片、葱段各少许

🍲 调料

白酒20毫升,水淀粉10毫升,生粉10克,豆瓣酱8克,老抽5毫升,盐5克,白糖、味精、食用油各适量

制作指导:

黄鱼的腥味较重,用度数较高的白酒才能压住其腥味,使其更鲜美。

酸笋福寿鱼

难易度：★☆☆ **烹饪时间：26分钟**

🌶️ 原料

福寿鱼700克，酸笋150克，朝天椒、姜片、香菜叶少许

🍲 调料

盐2克，鸡粉2克，生抽、老抽、料酒各5毫升，蚝油5克，水淀粉、食用油各适量

🍴 做法

❶洗好的酸笋切片；洗净的朝天椒切圈。

❷洗好的福寿鱼去鳞，洗净后在鱼身上切一字刀，备用。

❸起油锅，放姜片、爆香，放入处理好的福寿鱼，煎出香味。

❹倒入酸笋、朝天椒、清水、盐、料酒、生抽、老抽，煮20分钟。

❺加入鸡粉、蚝油，拌匀，略煮，盛出煮好的鱼，装盘待用。

❻锅中倒入水淀粉勾芡，将芡汁淋在鱼身上，点缀上香菜叶即可。

制作指导：

可以加入适量干辣椒一起爆香，这样煮出来的菜肴会更开胃。

✗ 做法

① 酸菜洗净切片；鲇鱼块加生抽、盐、鸡粉、料酒、生粉腌渍。

② 起油锅，放入蒜头，下入鲇鱼块，滑油捞出。

③ 锅底留油，放入姜片、八角、酸菜，翻炒匀。

④ 加入豆瓣酱、生抽、盐、鸡粉、白糖炒匀，注水煮沸。

⑤ 倒入鲇鱼、蒜头、老抽炒匀，用水淀粉勾芡，盛出，撒上葱段。

酸菜炖鲇鱼

▌难易度：★☆☆　▌烹饪时间：4分30秒

🌶 原料

鲇鱼块400克，酸菜70克，姜片、葱段、八角、蒜头各少许

🍲 调料

盐3克，生抽9毫升，豆瓣酱8克，鸡粉4克，老抽1毫升，白糖2克，料酒4毫升，生粉12克，水淀粉、食用油各适量

制作指导：

清洗鲇鱼时，一定要把鲇鱼卵清除干净，因为鲇鱼卵有毒。

泡菜炒蟹

难易度：★☆☆ ｜ 烹饪时间：4分钟

🌶 原料

泡佛手瓜150克，花蟹2只，姜片、蒜末、葱段各少许

🍲 调料

盐3克，水淀粉10毫升，生粉、鸡粉、料酒、豆瓣酱、食用油各适量

🍴 做法

① 花蟹去壳，斩开蟹肉，刮去脏物，去除蟹钳尖，装盘，撒生粉。

② 锅中注油烧热，放入花蟹，炸至淡红色，捞出，沥干油。

③ 锅底留油，倒入姜片、蒜末、葱段，爆香，放泡佛手瓜炒匀。

④ 倒入花蟹，加入料酒、豆瓣酱、清水，拌匀，煮至沸腾。

⑤ 调入盐、鸡粉，大火收汁，淋入水淀粉炒匀。

⑥ 关火后盛出，装入盘中即成。

制作指导：

炒制此菜时，加少许紫苏叶，可以减其寒性。

创意主食

泡菜肉末拌面

■ 难易度：★☆☆　■ 烹饪时间：3分30秒

原料

泡萝卜40克，酸菜20克，肉末25克，面条100克，葱花少许

调料

盐、鸡粉各2克，陈醋7毫升，生抽、老抽各2毫升，辣椒酱、水淀粉、食用油各适量

做法

❶泡萝卜、酸菜均切丝，备用。

❷锅中注水烧开，倒入泡萝卜、酸菜焯水捞出。

❸锅中注水烧开，注油，放入面条煮2分钟，捞出装碗。

❹起油锅，倒入肉末、生抽、泡萝卜、酸菜，炒匀。

❺放入辣椒酱、水、盐、鸡粉、陈醋，煮至熟。

❻加入水淀粉、老抽，拌匀，盛入碗中，撒上葱花即可。

酸菜肉末打卤面

■ 难易度：★☆☆ ■ 烹饪时间：4分钟

🌶 原料

面条60克，酸菜45克，肉末30克，蒜末少许

🍲 调料

盐、鸡粉各2克，生抽2毫升，辣椒酱、水淀粉、生抽各适量，食用油、芝麻油各少许

🍴 做法

①将洗净的酸菜切成碎末。

②锅中注入适量清水烧开，加入食用油、盐、鸡粉。

③放入面条，拌匀，煮约2分钟至其熟软，捞出，装入碗中。

④起油锅，倒入肉末，炒变色，加生抽、蒜末、酸菜，炒匀。

⑤注入清水，加辣椒酱、盐、鸡粉、老抽，略煮片刻。

⑥用水淀粉勾芡，加芝麻油拌匀，盛出，浇在面条上即可。

制作指导：

酸菜要切得碎一些，否则会影响肉末的口感。

✖ 做法

❶ 用油起锅，倒入洗好的牛肉末，炒匀，至其转色。

❷ 放入备好的泡菜，炒出酸辣味，撒上熟黑芝麻。

❸ 倒入冷米饭，炒散，加入盐、鸡粉，撒上葱花。

❹ 快速翻炒一会儿，至食材熟透。

❺ 关火后盛入碗中，压紧，再倒扣在盘中即可。

泡菜炒饭

▎难易度：★☆☆ ▎烹饪时间：2分钟

🌶 原料

冷米饭250克，泡菜150克，熟黑芝麻20克，牛肉末40克，葱花适量

🍲 调料

盐2克，鸡粉少许，食用油适量

制作指导：

泡菜可事先切成碎丁，吃起来口感会更香脆。做炒饭最好用冷米饭，口感更佳。

泡菜炒年糕

■ 难易度：★☆☆ ■ 烹饪时间：3分钟

🌶 原料

泡菜200克，年糕100克，葱白、葱段各15克

🍲 调料

盐、鸡粉、白糖、水淀粉、香油各适量

🍴 做法

❶年糕洗净切块。

❷锅中注水烧开，倒入年糕，煮4分钟，捞出，沥干水分。

❸起油锅，倒入葱白、泡菜，炒匀。

❹再倒入年糕，拌炒约2分钟，至食材完全熟透。

❺调入盐、鸡粉、白糖，炒匀调味，用水淀粉勾芡。

❻淋入香油，撒入备好的葱段炒匀，盛出装盘即成。

制作指导：

年糕受热容易粘锅，入锅后需要不断地翻炒，炒时还应改用小火，使年糕不粘锅的同时还能吸饱浓稠的汤汁。

🍴 做法

❶洋葱洗净切末；泡菜洗净切末；虾仁洗净切碎。

❷肉末中加虾仁、泡菜、洋葱、盐、鸡粉、料酒、水淀粉拌匀，制成肉酱。

❸面粉装入碗，倒入肉酱、清水、拌匀，制成肉糊，再分成小肉团，做成饼坯。

❹煎锅注油烧热，放入饼坯煎至熟。

❺盛出，装入盘中，点缀上葱丝和红椒丝即成。

泡菜海鲜饼

■ 难易度：★☆☆ ┃ 烹饪时间：5分钟

🌶 原料

猪肉末85克，虾仁55克，洋葱45克，泡菜40克，面粉170克，葱丝、红椒丝各少许

🍲 调料

盐3克，鸡粉少许，料酒3毫升，水淀粉、食用油各适量

制作指导：

调制面糊时，最好注入温开水，这样饼坯更易成形。